国家中等职业教育
改革发展示范学校建设系列成果

中等职业教育

网络综合布线施工与管理实训

主　编　李　虎　易小勇
副主编　彭小梅　陈　颖
编　者　蒋扬娟　王　华　王　哲

重庆大学出版社

内容提要

《网络综合布线施工与管理实训》是计算机应用专业网络方向的骨干课程,课程内容紧紧围绕岗位职业能力这个中心,以项目、任务为载体,实施"教学做一体化"教学模式,培养学生解决问题的能力和实践能力。课程内容主要分为任务描述、任务分析、任务实施、做一做、友情提示、拓展知识、学习评价等方面,涵盖综合布线实际工程中的常用标准、常用器材、工作区子系统、水平子系统、管理间子系统、垂直子系统、设备间子系统、进线间及建筑群子系统、综合布线配线端接技术、综合布线端接技术、测试技术、工程预算及工程管理等工程任务。

本书适用于中职学校计算机应用专业网络方向的学生使用,也可以作为自学教材选用。

图书在版编目(CIP)数据

网络综合布线施工与管理实训/李虎,易小勇主编.—重庆:
重庆大学出版社,2014.6(2024.8 重印)
中等职业教育计算机专业系列教材
ISBN 978-7-5624-8124-9

Ⅰ.①网… Ⅱ.①李…②易… Ⅲ.①计算机网络—布线—中
等专业学校—教材 Ⅳ.①TP393.03

中国版本图书馆 CIP 数据核字(2014)第 072465 号

国家中等职业教育改革发展示范学校建设系列成果
中等职业教育计算机专业系列教材
网络综合布线施工与管理实训

主　编 李 虎 易小勇
副主编 彭小梅 陈 颖
责任编辑:陈一柳　　版式设计:陈一柳
责任校对:邬小梅　　责任印制:赵 晟

*

重庆大学出版社出版发行
出版人:陈晓阳
社址:重庆市沙坪坝区大学城西路 21 号
邮编:401331
电话:(023) 88617190　88617185(中小学)
传真:(023) 88617186　88617166
网址:http://www.cqup.com.cn
邮箱:fxk@ cqup.com.cn(营销中心)
全国新华书店经销
POD:重庆新生代彩印技术有限公司

*

开本:787mm×1092mm　1/16　印张:15.75　字数:393 千
2014 年 6 月第 1 版　2024 年 8 月第 8 次印刷
ISBN 978-7-5624-8124-9　定价:39.00 元

前　言

由于经济社会的迅速发展,网络已经遍布社会生活的各个领域、数字化校园、小区的智能管理、楼宇的智能化布线、现代办公等,它们已经完全融入了人们的生活,成为生活不可缺少的元素。各种网络设备之间要进行通信,必须要建立一条物理通道,这个通道可以是有线的也可以是无线的。如何完成这个通道的建设,就是网络综合布线施工与管理这门课程所要完成的任务。

本书正是根据这一需求,由从事综合布线施工与管理工作多年的行业专家及具有丰富教学实践经验的教师共同编写而成。本书具有以下特点:

1. 以实际工作过程中的项目和任务为载体,以增强学生的实际动手能力为目标,让学生在"做"中去学习,在"做"中去掌握技能,逐渐形成自己的知识、经验及技能。

2. 本书既有一定的理论分析,又有丰富的实际例子,学生学习之后能够从事网络综合布线相关的实际工作。

3. 本书的实验以任务为中心,借助综合布线实验仪器,让学生在做中学习技能,体会知识。

4. 本书的内容最好在理实一体化教室完成,即边教边做,边做边学,在做中完成教与学的统一,让教与学浑然一体。

5. 行业专家参与。教材内容强调与生产过程中的任务相一致,从而使教学过程与生产过程结合起来,使教学极具针对性和实用性,同时将行业专家的实践经验引入教材,让教材生动起来。

6. 突出实训。本书中有大量的工程实际任务,学生通过实训,能更容易地掌握知识与技能。

7. 逻辑思路清晰。本书以项目 + 任务为基调,采用了符合人们逻辑思维的方式:任务描述、任务分析、任务实施等为编写思路,逻辑性强,学生也容易记忆。

本书由李虎、易小勇担任主编,彭小梅、陈颖担任副主编,全书的编写大纲和统稿工作由李虎完成。项目一、项目二、项目三由陈颖编写,项目四、项目五由王华编写,项目六、项目七由易小勇编写,项目八、项目九由蒋扬娟编写,项目十、项目十一由彭小梅编写,项目十二由李虎编写。本书中的很多案例和图片由西安开元电子实业有限公司经理王哲先生提供,在编写的过程中他也提出了许多宝贵的修改意见。

本书适合作为中等职业学校计算机应用专业学生的教材,也可作为网络爱好者、综合布线人员的参考用书。

由于编者水平有限,书中难免出现疏漏和错误,恳请广大读者批评指正。

编　者
2014 年 4 月

目 录

网络综合布线系统概述

【项目描述】

网络综合布线是一门新发展起来的工程技术,它涉及许多理论和技术问题,是一个多学科交叉的新领域,也是计算机技术、通信技术、控制技术与建筑技术紧密结合的产物。现在,我们生活在一个信息化时代,人们的生活已经离不开计算机网络系统了。无论是政府机关、企事业单位,还是商住楼、写字楼,都离不开现代化的办公及信息传输系统,而这些系统全部都是由网络综合布线系统来支持的。

学习完本项目后,你将能够:

◆理解综合布线技术的概念及特点

◆了解综合布线系统的发展历程

◆了解综合布线系统的组成

任务一 理解综合布线系统的概念及特点

任务描述

◆通过对本任务的学习,学生能记住综合布线系统的概念。
◆通过对本任务的学习,学生能归纳综合布线系统的特点。

任务分析

通过展示综合布线系统示意图,引导学生对综合布线系统的概念、特点的理解。

任务实施

一、综合布线系统的概念

由于社会的发展,现代化办公建筑往往需要敷设各种电缆,如电话线、数据线、电视线路、空调、灯光、火警、保安等,还有一些为满足特定需要而敷设的线路。每一条线路都是为特定的用途而设计安装的。如果采用传统的方法,每一条线路的设计和安装都与其他线路不相干,而且各线路的线缆型号和规格也不相同,就会造成办公楼的敷设是由一些互不相关的线缆系统所组成的毫无组织的布线环境。

随着信息技术发展的要求,逐步产生了成熟的结构化综合布线系统。

综合布线系统是信息传输系统,通常对建筑物内各种系统(网络系统、电话系统、报警系统、电源系统、照明系统、监控系统等)所需的传输线路进行统一编制、布置和连接,形成完整、统一、高效、兼容的建筑物布线系统。它主要适用于建筑物中多种信息传输的商务环境和办公自动化环境。综合布线系统是建筑智能化的基础,如图1.1所示。

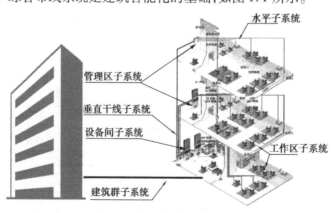

图1.1 综合布线系统

二、综合布线系统的特点

1. 兼容性

综合布线系统采用光缆或高质量的布线材料和接续设备,能满足不同生产厂家终端设备的需要,使话音、数据和视频信号均能高质量地传输,具有很强的兼容性。

2. 开放性

开放性是指综合布线系统采用开放式体系结构,符合多种国际上现行的标准,几乎对所有著名厂商的产品都是开放的,并对所有通信协议也是支持的。

3. 灵活性

综合布线采用标准的传输线缆和相关连接硬件,经模块化设计,所有的通道都是通用性的。所有设备的开通、变动均不需要重新布线,只需增减相应的设备或在配线架上进行必要的跳线管理即可实现,灵活多样。

4. 可靠性

传统布线方式是各个系统独立安装,不考虑互相兼容,往往会造成交叉干扰,无法保障高质量信号传输。综合布线采用高品质的材料和组合压接的方式构成一套高标准的信息传输通道,可靠性高。

5. 先进性

综合布线系统采用光纤与双绞线电缆混合布线方式,合理地组成了一套完整的布线体系。所有布线均采用世界上最新通信标准,可实现不同的数据传输应用需求。

6. 经济性

综合布线是一种既具有良好的初期投资特性,又具有很高的性能价格比的高科技产品。它可以兼容各种应用系统,既能满足科学技术的发展,也能满足用户不断增长的需求,节省了重新布线的额外投资。

【做一做】

上网搜索什么是综合布线系统,它有什么特点?

任务二 了解综合布线技术的发展历程

任务描述

◆通过本任务的学习,学生能说出综合布线技术的发展历程。

任务分析

通过展示综合布线技术的发展流程图,引导学生对综合布线技术的发展历程有一定了解。

任务实施

综合布线技术的兴起与发展,是在计算机技术和通信技术发展的基础上进一步适应社会信息化和经济国际化的需要,也是办公自动化进一步发展的结果,如图1.2所示。

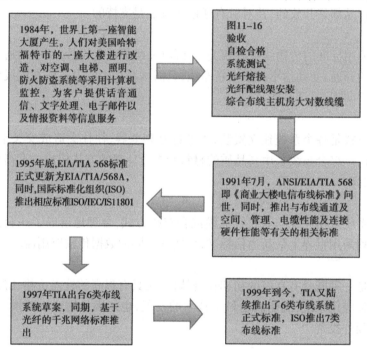

图1.2 综合布线技术的发展历程

综合布线是自20世纪80年代末90年代初传入我国的,但由于经济发展有限,综合布线系统发展缓慢。随着我国经济飞速发展,大力加强基础设施的建设,不断扩大的市场需求促进了该产业的快速发展。目前现代化建筑中广泛采用综合布线系统。综合布线系统也已成为我国现代化建筑工程中的热门课题,也是建筑工程和通信工程设计及安装施工中相互结合的一项十分重要的内容。

【做一做】

上网搜索我国在综合布线方面经过了怎样的发展?

任务三　掌握综合布线系统的组成

任务描述

◆通过本任务的学习,学生能说明综合布线系统的 7 大子系统。

任务分析

通过展示综合布线系统工程各个子系统示意图,引导学生对综合布线系统的组成有全面的掌握。

任务实施

综合布线系统包括工作区子系统、水平子系统、管理区子系统、垂直子系统、设备间子系统、进线间子系统和建筑群子系统。综合布线由不同系列和规格的部件组成,其中包括传输介质、相关连接硬件及电气保护设备等,故每个系统均有相应的传输介质和连接件组成,如图 1.3 所示。

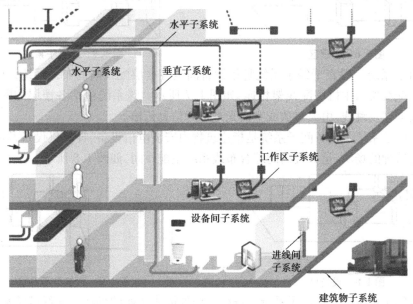

图 1.3　综合布线系统各子系统

- 工作区子系统　工作区子系统是指个人计算机、电话分机工作的区域,由终端设备连接到信息插座的连线组成,如图 1.4 所示。

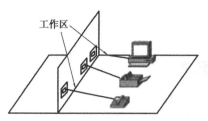

图1.4　工作区

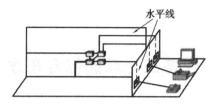

图1.5　水平子系统

● 水平子系统　水平子系统是指从工作区用户信息插座至楼层配线间，一般采用双绞线，为语音及数据的输出点，如图1.5所示。

该系统包括模块、线、楼层配线架以及跳线。由双绞线或室内光缆进行信息传输，该水平双绞线或水平光缆的长度不应超过90 m。

● 管理区子系统　管理区子系统设置在楼层配线间，是各种缆线进行端接的场所，由大楼主配线架、楼层分配线架、跳线、转换插座等组成。用户可以在管理区中更改、增加、交接、扩展线缆，标记和记录各种缆线、配线架、跳线、机柜、机房等，如图1.6所示。

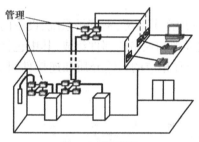

图1.6　管理区

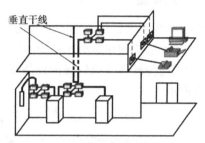

图1.7　垂直子系统

● 垂直子系统　垂直干线子系统是指设备间至各楼层配线间的布线系统，其功能主要是把各楼层配线架与主机房配线架相连，如图1.7所示。该系统包括各楼层的配线架、线、主机房配线架以及跳线，由大对数或室内光缆进行信息传输。

● 设备间子系统　设备间子系统是指建筑物内安装电信设备、计算机设备及配线设备，并进行网络管理的场所，是大楼内的综合布线系统主配线间，如图1.8所示。

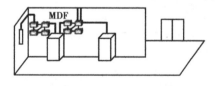

图1.8　设备间

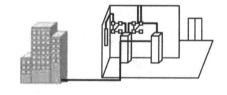

图1.9　建筑群子系统

● 进线间子系统　进线间子系统是进行室内外缆线转换的场所。光纤接续箱安装在该进线间，用于室内光缆与室外光缆的直通固定接续。小型的建筑物可能没有单独的进线间，一般与设备间合并。

● 建筑群子系统　建筑群子系统是指各建筑物与建筑物之间的布线系统，它包括连接各建筑物之间的线缆和配线设备，如图1.9所示。

该系统包括一建筑物主机房的配线架及跳线和另一建筑物主机房的配线架以及跳线，

由大对数或室外光缆进行信息传输。

对上述综合布线系统的 7 个组成部分进行归类,可以发现有 3 个部分属于传输:水平子系统、垂直干线子系统和建筑群干线子系统;3 个部分属于场地:工作区、进线间和设备间;1 个部分即为管理区。3 个子系统都由缆线(铜缆、光缆)、连接器(模块、光纤连接器)和上联跳线组成。3 个场地除工作区含有跳线外,其他场地均不包含传输介质。

【做一做】

上网查询各子系统的功能作用,并分小组进行讨论、总结。

(1)简述综合布线系统的发展过程。

(2)简述综合布线系统的概念、特点。

(3)我国最新综合布线系统设计规范把综合布线系统划分成哪 7 个部分? 试述你对这 7 个部分的理解。

【自我评价表】

任务名称	目 标		完成情况			自我评价
			未完成	基本完成	完成	
综合布线技术的概念及特点	知识目标	能记住综合布线系统的概念				
		能归纳综合布线系统的特点				
	情感目标	同学间相互协作、培养团队意识				
综合布线系统的发展历程	知识目标	能说出综合布线技术的发展历程				
	情感目标	同学间相互协作、培养团队意识				
综合布线系统的组成	知识目标	能说明综合布线系统的 7 大子系统				
	情感目标	同学间相互协作、培养团队意识				
(1)请同学们根据自己达到的水平在对应的"未完成""基本完成""完成"格中打√。						
(2)请同学们在"自我评价"栏中对任务完成情况进行自我评价。						

综合布线系统常用标准

【项目描述】

综合布线系统的技术标准和工程规范是涉及布线系统的工程定位、功能指标、设计技术、施工工艺、验收标准等具体技术的要求与体现，也是从事各类布线系统工程建设活动的技术依据和准则。本项目对有关综合布线行业标准的发展、变更进行了比较详细的介绍。

学习完本项目后，你将能够：

◆了解综合布线系统国际标准组织与机构

◆了解综合布线系统主要国际标准

◆了解综合布线系统主要中国标准

◆掌握综合布线系统常用名词术语、符号、缩略词

◆掌握综合布线系统设计、指标

任务一　了解综合布线系统国际标准组织与机构

任务描述

◆通过本任务的学习,学生能说出综合布线系统相关国际标准组织与机构。

任务分析

通过综合布线国际标准组织与机构表,引导学生对综合布线系统国际标准组织与机构进行了解。

任务实施

随着综合布线系统技术的不断发展,与之相关的国内和国际标准也更加规范化、标准化和开放化。国际标准化组织和国内标准化组织都在努力制定新的标准以满足技术和市场的需求,标准的完善也使市场更加规范化,综合布线系统相关国际标准组织与机构见表2.1。

表2.1　综合布线系统相关国际标准组织与机构

组织机构英文简称	中文名称
ANSI	美国国家标准协会
BICSI	国际建筑业咨询服务
CCITT	国际电报和电话协商委员会
EIA	电子行业协会
ICEA	绝缘电缆工程师协会
IEC	国际电工委员会
IEEE	美国电气与电子工程师协会
ISO	国际标准化组织
ITU-TSS	国际电信联盟——电信标准化分部
NEMA	美国国家电气制造商协会
NFPA	美国国家防火协会
TIA	美国电信行业协会
UL	安全实验室
ETL	电子测试实验室
FCC	美国联邦电信委员会
NEC	美国国家电气规范
CSA	加拿大标准协会
ISC	加拿大工业技术协会
SCC	加拿大标准委员会

这些组织都在不断努力制定新的标准以满足技术和适应市场的需求。

【做一做】

上网查找综合布线系统相关国际标准组织与机构。

任务二　了解综合布线系统主要国际标准

任务描述

◆通过本任务的学习,学生能说出常用综合布线系统的主要国际标准。

任务分析

通过综合布线国际标准发展图,引导学生对综合布线系统主要国际标准进行了解。

任务实施

综合布线系统国际标准的发展,如图2.1所示。

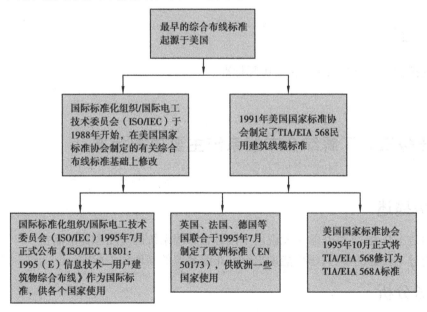

图2.1　综合布线系统国际标准的发展

目前常用的综合布线系统国际标准,见表2.2。

表2.2 常用综合布线系统国际标准

标准协会	标准名称
国际布线标准	《ISO/IEC 11801:1995(E)信息技术—用户建筑物综合布线》目前该标准有3个版本: ①ISO/IEC 11801:1995; ②ISO/IEC 11801:2000; ③ISO/IEC 11801:2000+
欧洲标准	《EN 50173 建筑物布线标准》
美国国家标准协会	《TIA/EIA 568A 商业建筑物电信布线标准》
美国国家标准协会	《TIA/EIA 569A 商业建筑物电信布线路径及空间距标准》
美国国家标准协会	《TIA/EIA TSB—67 非屏蔽双绞线布线系统传输性能现场测试规范》
美国国家标准协会	《TIA/EIA TSB—72 集中式光缆布线准则》
美国国家标准协会	《TIA/EIA TSB—75 大开间办公环境的附加水平布线惯例》

各国制定的标准有所侧重,美洲一些国家制定的标准没有提及电磁干扰方面的内容,国际布线标准提及一部分但不全面,而欧洲一些国家制定的标准很注重解决电磁干扰的问题。因此美洲一些国家制定的标准要求使用非屏蔽双绞线及相关连接器件,而欧洲一些国家制定的标准则要求使用屏蔽双绞线及相关连接器件。

【做一做】

上网搜索综合布线系统的主要国际标准。

任务三 了解综合布线系统主要中国标准

任务描述

◆通过本任务的学习,学生能说出中国综合布线系统的应用和标准制定。
◆通过本任务的学习,学生能说出综合布线系统的其他相关标准。

任务分析

通过综合布线系统在中国的发展及相关标准介绍,引导学生对综合布线系统在我国的发展及相关标准进行了解。

任务实施

一、中国综合布线系统的应用和标准制定

综合布线系统的技术、标准、产品的推广应用在我国已有近20年的时间,从整个发展过程来看,综合布线系统对智能建筑的兴起与发展起到了积极的推动作用。综合布线系统作为建筑物的基础设施,为建筑物内的各种信息的传递提供了传输通道。综合布线系统已成为智能建筑必备的一个重要组成部分。

综合布线系统在中国的发展过程,大致分为以下4个阶段,见表2.3。

表2.3　中国综合布线系统的发展

阶　段	简　介
第一阶段 引入、消化吸收	1992—1995年综合布线系统随着结构化综合布线系统理念、技术、产品带入中国,因工程造价较昂贵,用户很少。在消化吸收国外技术的基础上,我国推出了《建筑与建筑群综合布线系统设计规范》(CECS 72:95),这标志着综合布线系统在我国正式开始规范化应用于智能建筑
第二阶段 推广应用	1995—1997年中国工程建设标准化协会通信工程委员会起草了《建筑与建筑群综合布线系统工程设计规范》(CECS 72:97)和《建筑与建筑群综合布线系统工程施工验收规范》(CECS 89:97)。这两个标准为规范布线市场起到了积极的作用
第三阶段 标准规范	1997—2000年,我国颁布了《建筑与建筑群综合布线系统工程设计规范》(GB/T 50311)和《建筑与建筑群综合布线系统工程验收规范》(GB/T 50312)以及《大楼通信综合布线系统》(YD/T 926)等行业标准,使布线市场更加规范
第四阶段 应用和发展	2000年至今,我国颁布并执行了《综合布线系统工程设计规范》(GB 50311—2007)和《综合布线系统工程验收规范》(GB 50312—2007)。2008年11月开始陆续制定了《综合布线系统管理与运行维护系统设计白皮书》《屏蔽布线系统的设计与施工检测技术白皮书》《万兆布线系统工程测试技术白皮书》等,标志着我国综合布线进入了标准化的应用和发展阶段

二、综合布线系统的其他相关标准

在网络综合布线工程设计中,我们不但要遵守综合布线相关标准,同时还要结合电气防护及接地、防火等标准进行规划、设计。这里简单介绍一些接地和防火标准。

1. 电气防护、机房及防雷接地标准

在综合布线时,我们需要考虑线缆的电气防护和接地,在《综合布线系统工程设计规范》(GB 50311—2007)中第7条规定:

(1)综合布线电缆与附近可能产生高电平电磁干扰的电动机、电力变压器、射频应用设备等电器设备之间应保持必要的间距。

(2)综合布线系统缆线与配电箱的最小净距宜为1 m,与变电室、电梯机房、空调机房之

13

间的最小净距宜为 2 m。

（3）墙上敷设的综合布线缆线及管线与其他管线的间距应符合表2.4的规定。当墙壁电缆敷设高度超过 6 m 时，与避雷引下线的交叉间距应按下式计算：

$$S \geq 0.05L$$

式中　　S——交叉间距，mm；

　　　　L——交叉处避雷引下线距地面的高度，mm。

表2.4　综合布线缆线及管线与其他管线的间距

其他管线	平行净距 /mm	垂直交叉净距 /mm	其他管线	平行净距 /mm	垂直交叉净距 /mm
避雷引下线	1 000	300	热力管（不包封）	500	500
保护地线	50	20	热力管（包封）	300	300
给水管	150	20	煤气管	300	20
压缩空气管	150	20			

（4）综合布线系统应根据环境条件选用相应的缆线和配线设备，或采取防护措施，并应符合下列规定：

①当综合布线区域内存在的电磁干扰场强低于 3 V/m 时，宜采用非屏蔽电缆和非屏蔽配线设备。

②当综合布线区域内存在的电磁干扰场强高于 3 V/m 时，或用户对电磁兼容性有较高要求时，可采用屏蔽布线系统和光缆布线系统。

③当综合布线路由上存在干扰源，且不能满足最小净距要求时，宜采用金属管线进行屏蔽，或采用屏蔽布线系统及光缆布线系统。

（5）在电信间、设备间及进线间应设置楼层或局部等电位接地端子板。

（6）综合布线系统应采用共用接地的接地系统，如单独设置接地体时，接地电阻不应大于4 Ω。如布线系统的接地系统中存在两个不同的接地体时，其接地电位差应不大于 1 V。

（7）楼层安装的各个配线柜（架、箱）应采用适当截面的绝缘铜导线单独布线至就近的等电位接地装置，也可采用竖井内等电位接地铜排引到建筑物共用接地装置，铜导线的截面应符合设计要求。

（8）在雷电防护区交界处，电缆屏蔽层的两端应作等电位连接并接地。

（9）综合布线的电缆采用金属线槽或钢管敷设时，线槽或钢管应保持连续的电气连接，并应有不少于两点的良好接地。

（10）当缆线从建筑物外面进入建筑物时，电缆和光缆的金属护套或金属件应在入 El 处就近与等电位接地端子板连接。

机房及防雷接地标准还可参照以下标准，见表2.5。

表2.5 接地标准

标准名称	标准版本
《建筑物防雷设计规范》	GB 50057—94
《电子计算机机房设计规定》	GB 50174—93
《计算机场地技术要求》	GB 2887—2000
《计算机场站安全要求》	GB 9361—88
《防雷保护装置规范》	IEC 1024—1
《防止雷电波侵入保护规范》	IEC 1312—1
《商业建筑电信接地和接线要求》	J-STD-607-A

J-STD-607-A 标准推出的目的在于帮助需要增加接地系统的技术安装人员,它完整地介绍了规划、设计、安装接地系统的方法。

2.防火标准

线缆是布线系统防火的重点部件,《综合布线系统工程设计规范》(GB 50311—2007)中第 8 条规定:

(1)根据建筑物的防火等级和对材料的耐火要求,综合布线系统的缆线选用和布放方式及安装的场地应采取相应的措施。

(2)综合布线工程设计选用的电缆、光缆应从建筑物的高度、面积、功能、重要性等方面加以综合考虑,选用相应等级的防火缆线。

对于防火缆线的应用分级,北美、欧洲、国际的相应标准中主要以缆线受火的燃烧程度及着火以后,火焰在缆线上蔓延的距离、燃烧的时间、热量与烟雾的释放、释放气体的毒性等指标,并通过实验室模拟缆线燃烧的现场状况实测取得。

国际上综合布线中电缆的防火测试标准有 UL 910 和 IEC 60332,其中 UL 910 等标准为加拿大、日本、墨西哥和美国使用,UL 910 等同于美国消防协会的 NFPA 262—1999,UL 910 标准则高于 IEC 60332—1 及 IEC 60332—3 标准。

对欧洲、美洲、国际的缆线测试标准进行同等比较以后,建筑物的缆线在不同的场合与安装敷设方式时,建议选用符合相应防火等级的缆线,并按以下几种情况分别列出:

①在通风空间内(如吊顶内及高架地板下等)采用敞开方式敷设缆线时,可选用 CMP 级(光缆为 OFNP 或 OFCP)或 B1 级。

②在缆线竖井内的主干缆线采用敞开的方式敷设时,可选用 CMR 级或 B2、C 级。

③在使用密封的金属管槽做防火保护的敷设条件下,缆线可选用 CM 级或 D 级。

此外,建筑物综合布线涉及的防火方面的设计标准还应依照国内相关标准:《高层民用建筑设计防火规范》(GB 50045—95)、《建筑设计防火规范》(GBJ 16—87)、《建筑室内装修设计防火规范》(GB 50222—95)。

3. 智能建筑与智能小区相关标准与规范

目前信息产业部、建设部已出台或正在制定中的标准与规范见表 2.6。

表 2.6　智能建筑与智能小区相关标准与规范

标准名称	标准版本
《智能建筑设计标准》	GB/T 50314—2000 推荐性国家标准，2000 年 10 月 1 日起施行
《智能建筑弱电工程设计施工图集》	97X700,1998 年 4 月 16 日施行,统一编号为 GJBT-471
《城市住宅建筑综合布线系统工程设计规范》	CECS119:2000
《城市居住区规划设计规范》	GB 50180—93
《住宅设计规范》	GB 50096—1999
《用户接入网工程设计暂行规定》	YD/T 5032—96
《中国民用建筑电气设计规范》	JGJ/T 16—92
《绿色生态住宅小区建设要点与技术导则》	（试行）
《居住小区智能化系统建设要点与技术导则》	（试行）
《居住区智能化系统配置与技术要求》	CJ/T 174—2003

4. 地方标准和规范

地方标准和规范见表 2.7。

表 2.7　地方标准和规范

标准名称	标准版本
《北京市住宅区与住宅楼房电信设施设计技术规定》	DB J01-601—99
上海市标准《智能建筑设计标准》	DB J08-47—95
《上海市智能住宅小区功能配置试点大纲》	（试行）
《上海市住宅小区智能化系统工程验收标准》	（试行）
《深圳市建筑智能化系统等级评定方法》	（试行）
《江苏省建筑智能化系统工程设计标准》	DB 32/181—1998
《天津市住宅建设智能化技术规程》	DB 29-23—2000
四川省《建筑智能化系统工程设计标准》	DB 51/T5019—2000
福建省《建筑智能化系统工程设计标准》	DB J13-32—2000

为了保证工程建设的质量,全国各地都十分注重地区标准的编制工作,相继出台并参照

执行,在内容上更加细化及可操作性更强。

为了完善我国综合布线系统标准,使之达到系列化,有待布线厂商、政府主管部门、国内的标准化组织及各方面的人士加以重视和共同努力。一旦新的标准发布以后,应该由媒体加大宣传的力度,并组织做好宣传贯彻的工作,使其规范布线的标准服务和市场,立足于保证工程的质量。

【做一做】

上网查询我国常用的综合布线标准。

任务四 掌握综合布线系统常用名词术语、符号、缩略词

任务描述

◆通过本任务的学习,学生能记住名词术语、符号和缩略词。

任务分析

通过综合布线系统常用名词术语、符号、缩略词表,引导学生对综合布线系统常用名词术语、符号、缩略词进行掌握。

任务实施

由于我国对计算机的信息、网络综合布线方面的标准比国外晚几年,现在正逐步在各行业中建立起标准或条例。本节着重介绍 2007 年 4 月 6 日颁布的《综合布线系统工程设计规范》中的第 2 条、第 3 条和第 5 条的主要内容,关于标准中提到的其他内容分别在以后的项目中详细介绍。

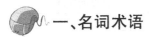一、名词术语

在综合布线标准和相关书籍中,往往会用到许多的术语,《综合布线系统工程设计规范》中的第 2 条中介绍了一些常用的术语和符号,见表2.8。

表2.8 名词术语

中文名	英文名	说 明
布线	Cabling	能够支持信息电子设备相连的各种缆线、跳线、接插软线和连接器件组成的系统

续表

中文名	英文名	说 明
建筑群子系统	Campus Subsystem	由配线设备、建筑物之间的干线电缆或光缆、设备缆线、跳线等组成的系统
电信间	Telecommunications Room	放置电信设备、电缆和光缆终端配线设备并进行缆线交接的专用空间
信道	Channel	连接两个应用设备的端到端的传输通道。信道包括设备电缆、设备光缆和工作区电缆、工作区光缆
CP 集合点	Consolidation Point	楼层配线设备与工作区信息点之间水平缆线路由中的连接点
CP 链路	CP Link	楼层配线设备与集合点(CP)之间,包括各端的连接器件在内的永久性的链路
链路	Link	一个 CP 链路或是一个永久链路
永久链路	Permanent Link	信息点与楼层配线设备之间的传输线路。它不包括工作区缆线和连接楼层配线设备的设备缆线、跳线,但可以包括一个 CP 链路
建筑物入口设施	Building Entrance Facility	提供符合相关规范机械与电气特性的连接器件,使得外部网络电缆和光缆引入建筑物内
建筑群主干电缆、建筑群主干光缆	Campus Backbone Cable	用于在建筑群内连接建筑群配线架与建筑物配线架的电缆、光缆
建筑物主干缆线	Building Backbone Cable	连接建筑物配线设备至楼层配线设备及建筑物内楼层配线设备之间相连接的缆线。建筑物主干缆线可为主干电缆和主干光缆
水平缆线	Horizontal Cable	楼层配线设备到信息点之间的连接缆线
永久水平缆线	Fixed Horizontal Cable	楼层配线设备到 CP 的连接缆线,如果链路中不存在 CP 点,为直接连至信息点的连接缆线
CP 缆线	CP Cable	连接集合点(CP)至工作区信息点的缆线
信息点	Telecommunications Outlet (TO)	各类电缆或光缆终接的信息插座模块
线对	Pair	一个平衡传输线路的两个导体,一般指一个对绞线对
交接(交叉连接)	Cross—Connect	配线设备和信息通信设备之间采用接插软线或跳线上的连接器件相连的一种连接方式
互连	Interconnect	不用接插软线或跳线,使用连接器件把一端的电缆、光缆与另一端的电缆、光缆直接相连的一种连接方式

二、符号和缩略词

在综合布线系统工程的图纸设计、施工、验收和维护等日常工作中工程技术人员大量应用许多符号和缩略词,因此掌握这些符号和缩略词对于识图和读懂技术文件非常重要,表2.9为 GB 50311 对于符号和缩略词的规定。

表 2.9　GB 50311 对于符号和缩略词的规定

英文缩写	英文名称	中文名称或解释
ACR	Attenuation to Crosstalk Ratio	衰减串音比
BD	Building Distributor	建筑物配线设备
CD	Campus Distributor	建筑群配线设备
CP	Consolidation Point	集合点
dB	dB	电信传输单元:分贝
d. c.	Direct Current	直流
ELFEXT	Equal Level Far End Crosstalk Attenuation (Loss)	等电平远端串音衰减
FD	Floor Distributor	楼层配线设备
FEXT	Far End Crosstalk Attenuation (Loss)	远端串音衰减(损耗)
IL	Insertion LOSS	插入损耗
ISDN	Integrated Services Digital Network	综合业务数字网
LCL	Longitudinal to Differential Conversion LOSS	纵向对差分转换损耗
OF	Optical Fibre	光纤
PSNEXT	Power Sum NEXT Attenuation (Loss)	近端串音功率和
PSACR	Power Sum ACR	ACR 功率和
PS ELFEXT	Power Sum ELFEXT Attenuation (Loss)	ELFEXT 衰减功率和
RL	Return Loss	回波损耗
SC	Subscriber Connector (Optical Fibre Connector)	用户连接器(光纤连接器)
SFF	Small Form Factor Connector	小型连接器
TCL	Transverse Conversion Loss	横向转换损耗
TE	Terminal Equipment	终端设备
$V_{r. m. s}$	$V_{root. mean. square}$	电压有效值

【做一做】

上网查询并讨论综合布线系统相关名词术语、符号和缩略词。

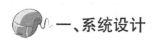

任务五 掌握综合布线系统设计、指标

任务描述

◆通过本任务的学习,学生能记住综合布线系统设计、指标。

任务分析

通过综合布线系统设计及指标的介绍,引导学生对综合布线系统设计、指标进行掌握。

任务实施

一、系统设计

《综合布线系统工程设计规范》中的第 3 条系统设计主要包括了以下内容。

1.系统构成

(1)综合布线系统(GCS)应是开放式结构,应能支持语音、数据、图像、多媒体业务等信息的传递。

(2)本规范参考 GB 50311—2007《综合布线系统工程设计规范》国家标准的规定,将建筑物综合布线系统分为以下 7 个子系统:

工作区子系统、配线子系统、垂直子系统、设备间子系统、管理子系统、建筑群子系统、进线间子系统。

2.系统分级与组成

(1)综合布线系统应能满足所支持的数据系统的传输速率要求,并应选用相应等级的缆线和传输设备。综合布线铜缆系统的分级与类别划分应符合表 2.10 的要求。

表 2.10 铜缆布线系统的分级与类别

系统分级	支持带宽/Hz	支持应用器件	
		电缆	连接硬件
A	100 K		
B	1 M		
C	16 M	3 类	3 类
D	100 M	5/5 E 类	5/5 E 类
E	250 M	6 类	6 类
F	600 M	7 类	7 类

注意:3 类、5/5E 类(超 5 类)、6 类、7 类布线系统应能支持向下兼容的应用。

(2)光纤信道分为 OF-300、OF-500 和 OF-2000 3 个等级,各等级光纤信道应支持的应用长度不应小于300 m、500 m 及 2 000 m。

综合布线系统应能满足所支持的电话、数据、电视系统的传输标准要求。

（3）综合布线系统信道应由最长90 m 水平缆线、最长10 m 的跳线和设备缆线及最多4个连接器件组成，永久链路则由90 m 水平缆线及3个连接器件组成。

（4）当工作区用户终端设备或某区域网络设备需直接与公用数据网进行互通时，宜将光缆从工作区直接布放至电信入口设施的光配线设备。

3. 缆线长度划分

（1）综合布线系统水平缆线与建筑物主干缆线及建筑群主干缆线之和所构成信道的总长度不应大于2 000 m。

（2）建筑物或建筑群配线设备之间（FD 与 BD、FD 与 CD、BD 与 BD、BD 与 CD 之间）组成的信道出现4个连接器件时，主干缆线的长度不应小于15 m。

（3）配线子系统各缆线长度应符合图2.2的划分并应符合下列要求：

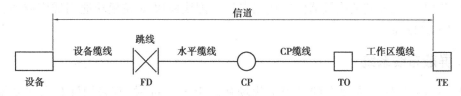

图2.2　配线子系统缆线划分

说明：①配线子系统信道的最大长度不应大于100 m。

②工作区设备缆线、电信间配线设备的跳线和设备缆线之和不应大于10 m，当大于10 m时，水平缆线长度（90 m）应适当减少。

③楼层配线设备（FD）跳线、设备缆线及工作区设备缆线各自的长度不应大于5 m。

4. 系统应用

（1）同一布线信道及链路的缆线和连接器件应保持系统等级与阻抗的一致性。

（2）综合布线系统工程的产品类别及链路、信道等级确定应综合考虑建筑物的功能、应用网络、业务终端类型、业务的需求及发展、性能价格、现场安装条件等因素，应符合表2.11所列要求。

表2.11　布线系统等级与类别的选用

业务种类	配线子系统		干线子系统		建筑群子系统	
	等级	类别	等级	类别	等级	类别
语音	D/E	5E/6	C	3（大对数）	C	3（室外大对数）
数据	D/E/F	5E/6/7	D/E/F	5E/6/7（4 对）		
	光纤 （多模或单模）	62.5 μm 多模/ 50 μm 多模/ <10 μm 单模	光纤	62.5 μm 多模/ 50 μm 多模/ <10 μm 单模	光纤	62.5 μm 多模/ 50 μm 多模/ <1 μm 单模
其他应用	可采用5E/6 类4 对对绞电缆和62.5 μm 多模/50 μm 多模/ <10 μm 多模、单模光纤					

注意：其他应用指数字监控摄像头、楼宇自控现场控制器（DDC）、门禁系统等采用网络端口传送数字信息时的应用。

21

(3)综合布线系统光纤信道应采用标称波长为 850 nm 和 1 300 nm 的多模光纤及标称波长为 1 310 nm 和 1 550 nm 的单模光纤。

(4)单模和多模光缆的选用应符合网络的构成方式、业务的互通互连方式及光纤在网络中的应用传输距离。楼内宜采用多模光缆,建筑物之间宜采用多模或单模光缆,需直接与电信业务经营者相连时宜采用单模光缆。

(5)为保证传输质量,配线设备连接的跳线宜选用产业化制造的各类跳线,在电话应用时宜选用双芯对绞电缆。

(6)工作区信息点为电端口时,应采用 8 位模块通用插座(RJ45),光端口宜采用 SFF 小型光纤连接器件及适配器。

(7)FD、BD、CD 配线设备应采用 8 位模块通用插座或卡接式配线模块(多对、25 对及回线型卡接模块)和光纤连接器件及光纤适配器(单工或双工的 ST、SC 或 SFF 光纤连接器件及适配器)。

(8)CP 集合点安装的连接器件应选用卡接式配线模块、8 位模块通用插座或各类光纤连接器件和适配器。

5. 屏蔽布线系统

(1)综合布线区域内存在的电磁干扰场强高于 3 V/m 时,宜采用屏蔽布线系统进行防护。

(2)用户对电磁兼容性有较高的要求(电磁干扰和防信息泄漏)时,或有网络安全保密的需要,宜采用屏蔽布线系统。

(3)采用非屏蔽布线系统无法满足安装现场条件对缆线的间距要求时,宜采用屏蔽布线系统。

(4)屏蔽布线系统采用的电缆、连接器件、跳线、设备电缆都应是屏蔽的,并应保持屏蔽层的连续性。

6. 开放型办公室布线系统

(1)对于办公楼、综合楼等商用建筑物或公共区域大开间的场地,由于其使用对象数量的不确定性和流动性等因素,宜按开放办公室综合布线系统要求进行设计,并应符合下列规定:

①采用多用户信息插座时,每一个多用户插座包括适当的备用量在内,宜能支持 12 个工作区所需的 8 位模块通用插座;各段缆线长度可按表 2.12 选用,也可按下式计算。

$$C = (102 - H)/1.2$$
$$W = C - 5$$

式中　C——工作区电缆、电信间跳线和设备电缆的长度之和,$C = W + D$;

　　　D——电信间跳线和设备电缆的总长度;

　　　W——工作区电缆的最大长度,且 $W \leqslant 22$ m;

　　　H——水平电缆的长度。

表 2.12　各段缆线长度限值

电缆总长度/m	水平布线电缆 H/m	工作区电缆 W/m	电信间跳线和设备电缆 D/m
100	90	5	5
99	85	9	5
98	80	13	5
97	25	17	5
97	70	22	5

②采用集合点时,集合点配线设备与 FD 之间水平线缆的长度应大于 15 m。集合点配线设备容量宜以满足 12 个工作区信息点需求设置。同一个水平电缆路由不允许超过一个集合点(CP);从集合点引出的 CP 线缆应终接于工作区的信息插座或多用户信息插座上。

(2)多用户信息插座和集合点的配线设备应安装于墙体或柱子等建筑物的固定位置。

7.工业级布线系统

(1)工业级布线系统应能支持语音、数据、图像、视频、控制等信息的传递,并能应用于高温、潮湿、电磁干扰、撞击、振动、腐蚀气体、灰尘等恶劣环境中。

(2)工业布线应用于工业环境中具有良好环境条件的办公区、控制室和生产区之间的交界场所或生产区的信息点,工业级连接器件也可应用于室外环境中。

(3)在工业设备较为集中的区域应设置现场配线设备。

(4)工业级布线系统宜采用星形网络拓扑结构。

(5)工业级配线设备应根据环境条件确定 IP 的防护等级。

二、系统指标

规定的系统指标,均参考《综合布线系统工程设计规范》中的第 5 条内容。有关电缆、连接硬件等产品标准也应符合国际标准。

(1)综合布线系统产品技术指标在工程的安装设计中应考虑机械性能指标,如缆线结构、直径、材料、承受拉力、弯曲半径等。

(2)相应等级的布线系统信道及永久链路、CP 链路的具体指标项目,应包括下列内容:

①3 类、5 类布线系统应考虑指标项目为衰减、近端串音(NEXT)。

②5E 类、6 类、7 类布线系统,应考虑指标项目有插入损耗(IL)、近端串音、衰减串音比(ACR)、等电平远端串音(ELFEXT)、近端串音功率和(PS NEXT)、衰减串音比功率和(PS ACR)、等电平远端串音功率和(PS ELEFXT)、回波损耗(RL)、时延、时延偏差等。

③屏蔽的布线系统还应考虑非平衡衰减、传输阻抗、耦合衰减及屏蔽衰减。

(3)综合布线系统工程设计中,系统信道的指标值包括以下 12 项:

• 回波损耗(RL)

• 插入损耗(IL)值

23

- 线对与线对之间的近端串音(NEXT)
- 近端串音功率
- 线对与线对之间的衰减串音比(ACR)
- ACR 功率
- 线对与线对之间等电平远端串音(ELFEXT)
- 等电平远端串音功率
- 信道直流环路电阻(d.c.)
- 信道传播时延
- 信道传播时延偏差
- 信道非平衡衰减

(4)综合布线系统工程中,永久链路的指标参数值包括以下 11 项内容:

- 最小回波损耗值
- 最大插入损耗值
- 最小近端串音值
- 最小近端串音功率
- 最小 ACR 值
- 最小 PSACR 值
- 最小等电平远端串音值
- 最小 PS ELFEXT 值
- 最大直流环路电阻
- 最大传播时延
- 最大传播时延偏差

(5)各等级的光纤信道衰减值应符合表 2.13 的规定。

表 2.13 信道衰减值   单位:dB

信　道	多　模		单　模	
	850 nm	1 300 nm	1 310 nm	1 550 nm
OF 300	2.55	1.95	1.80	1.80
OF-500	3.25	2.25	2.00	2.00
OF-2000	8.50	4.50	3.50	3.50

(6)光缆标称的波长,每千米的最大衰减值应符合表 2.14 的规定。

表 2.14 最大光缆衰减值   单位:dB/km

项　目	OM1,OM2 及 OM3 多模		OSI 单模	
波长	850 nm	1 300 nm	1 310 nm	1 550 nm
衰减	3.5	1.5	1.0	1.0

（7）多模光纤的最小模式带宽应符合表2.15的规定。

表2.15 多模光纤模式带宽

光纤类型	光纤直径/μm	最小模式带宽（MHz·kin）		
		过量发射带宽		有效光发射带宽
		850 nm	1 300 nm	850 nm
OMl	50 或 62.5	200	500	
0M2	50 或 62.5	500	500	
0M3	50	1 500	500	2 000

 【做一做】

上网查询并讨论综合布线系统的系统设计、系统指标。

（1）了解和掌握综合布线各个系统的有关标准和规定。

（2）简述综合布线系统在中国的发展阶段。

（3）综合布线系统工程设计中，系统信道的指标值包括哪些？

（4）永久链路的指标参数值包括哪些？

【自我评价表】

任务名称	目 标		完成情况			自我评价
			未完成	基本完成	完成	
综合布线系统国际标准组织与机构	知识目标	能说出综合布线相关国际标准组织与机构				
	情感目标	同学间相互协作、培养团队意识				
综合布线系统主要国际标准	知识目标	能说出常用综合布线主要国际标准				
	情感目标	同学间相互协作、培养团队意识				
综合布线系统主要中国标准	知识目标	能说出中国综合布线系统的应用和标准制定				
		能说出综合布线系统的其他相关标准				
	情感目标	同学间相互协作、培养团队意识				
综合布线系统常用名词术语、符号、缩略词	知识目标	能记住名词术语、符号和缩略词				
	情感目标	同学间相互协作、培养团队意识				

续表

任务名称		目　标	完成情况			自我评价
			未完成	基本完成	完成	
综合布线系统设计、指标	知识目标	能记住系统设计、指标				
	情感目标	同学间相互协作、培养团队意识				
(1)请同学们根据自己达到的水平在对应的"未完成""基本完成""完成"格中打√。						
(2)请同学们在"自我评价"栏中对任务完成情况进行自我评价。						

网络综合布线系统常用器材和工具

【项目描述】

　　了解并能正确使用网络综合布线系统常用器材和工具是非常重要的,因此,本项目对有关综合布线中会使用到的器材、工具作了比较详细的介绍。

　　学习完本项目后,你将能够:

◆ 了解网络传输介质

◆ 了解线槽规格、品种和器材

◆ 了解布线工具

◆ 了解网络综合布线器材展示柜

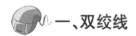

任务描述

◆通过对本任务的学习,学生能正确使用网络传输介质。

任务分析

通过综合布线系统中常用的传输介质的介绍,引导学生对传输介质进行了解与选择。

任务实施

综合布线系统在设计中根据连接的各类应用系统的情况,可以选用不同的传输介质。一般而言,计算机网络系统主要采用 4 对非屏蔽或屏蔽双绞线电缆、大对数电缆、光缆;语音通信系统主要采用非屏蔽双绞线电缆、大对数电缆;有线电视系统主要采用同轴电缆和光缆;闭路视频监控系统主要采用视频同轴电缆。

目前,在通信线路上使用的传输介质有:双绞线、电缆、光缆。

一、双绞线

1.双绞线的概念和种类

图 3.1　双绞线的物理结构

双绞线(Twistedpair,TP)是一种综合布线工程中最常用的传输介质。双绞线是由两根具有绝缘保护层的铜导线组成。把两根具有绝缘保护层的铜导线按规则螺旋结构排列互相绞在一起,可降低信号干扰的程度。双绞线电缆内每根铜导线的绝缘层都有色标来标记,导线的颜色标记具体为白橙/橙、白蓝/蓝、白绿/绿、白棕/棕,双绞线的物理结构如图 3.1 所示。

目前,双绞线分为屏蔽双绞线(Shielded Twisted Pair,STP)和非屏蔽双绞线(Unshielded Twisted Pair,UTP)两类。屏蔽双绞线电缆的外层由铝箔包裹,相对非屏蔽双绞线具有更好的抗电磁干扰能力,造价也相对高一些。

双绞线的传输性能与带宽有直接关系,带宽越大,双绞线的传输速率越高。根据双绞线带宽的不同,可将双绞线分为 3—6 类线缆。各类双绞线的带宽与传输速率的关系详见表 3.1。

表 3.1　各类双绞线带宽与传输速率的关系

各类双绞线	双绞线类型	带宽/MHz	最高传输速率/(MB·s^{-1})
屏蔽双绞线	3 类	16	10
	5 类	100	155
非屏蔽双绞线	3 类	16	10
	4 类	20	16
	5 类	100	100
	超 5 类	155	155
	6 类	200	1 000

目前网络布线中常用超 5 类双绞线和 6 类双绞线,6 类双绞线主要用于千兆以太网的数据传输。语音系统的布线常用 3 类、4 类双绞线。双绞线的传输距离与传输速率有关。在 10 M 以太网中,3 类双绞线最大传输距离为 100 m,5 类双绞线最大传输距离可达 150 m;在 100 M 以太网中,5 类双绞线最大传输距离为 100 m;在 1 000 M 以太网中,6 类双绞线最大传输距离为 100 m。

非屏蔽双绞线电缆的优点有:

- 无屏蔽外套,直径小,节省所占用的空间;
- 质量小、易弯曲、易安装;
- 将串扰减至最小或加以消除;
- 具有阻燃性;
- 具有独立性和灵活性,适用于结构化综合布线。

2.大对数双绞线

(1)大对数双绞线的组成

大对数双绞线是由 25 对具有绝缘保护层的铜导线组成的。它有 3 类 25 对大对数双绞线和 5 类 25 对大对数双绞线,为用户提供更多的可用线对,并被设计为在扩展的传输距离上实现高速数据通信应用,传输带宽为 100 MHz。导线色彩由蓝、橙、棕、灰和白、红、黑、黄、紫编码组成。

(2)大对数线品种

大对数线品种分为屏蔽大对数线和非屏蔽大对数线,如图 3.2、图 3.3 所示。

图 3.2　屏蔽大对数线　　　　　　　　　　图 3.3　非屏蔽大对数线

二、同轴电缆

同轴电缆也是局域网中最常见的传输介质之一。同轴电缆由外层、外导体(屏蔽层)、绝缘体、内导体组成。外层为防水、绝缘的塑料,用于电缆的保护;外导体为网状的金属网,用于电缆的屏蔽;绝缘体为围绕内导体的一层绝缘塑料;内导体为一根圆柱形的硬铜芯。同轴电缆之所以设计成这样,也是为了防止外部电磁波干扰异常信号的传递。同轴电缆如图3.4所示。

同轴电缆可分为两种基本类型,基带同轴电缆和宽带同轴电缆。目前基带常用的电缆,其屏蔽线是用铜做成网状的,特征阻抗为50 Ω,如RG-8、RG-58等;宽带常用的电缆,其屏蔽层通常是用铝冲压成的,特征阻抗为75 Ω,如RG-59等。

图3.4　同轴电缆

同轴电缆根据其直径大小可以分为粗同轴电缆与细同轴电缆。

细缆的直径为0.26 cm,最大传输距离185 m,使用时与50 Ω终端电阻、T型连接器、BNC接头与网卡相连,十分适合架设在终端设备较为集中的小型以太网络。缆线总长不要超过185 m,否则信号将严重衰减,细缆的阻抗是50 Ω。

粗缆(RG-11)的直径为1.27 cm,最大传输距离达到500 m。由于粗缆的强度较强,最大传输距离也比细缆长,因此粗缆的主要用途是扮演网络主干的角色,用来连接数个由细缆所结成的网络。粗缆的阻抗是75 Ω。

为了保持同轴电缆的正确电气特性,电缆屏蔽层必须接地。同时两头要有终端来削弱信号反射作用。

无论是粗缆还是细缆均为总线拓扑结构,即一根缆上接多部机器,这种拓扑适用于机器密集的环境。但是当一触点发生故障时,故障会串联影响到整根缆上的所有机器,故障的诊断和修复都很麻烦。所以,同轴电缆逐步被非屏蔽双绞线或光缆取代。

三、光缆

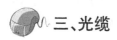

1. 光缆的概念

光缆,也叫光纤,是一种能传导光波的介质,可以使用玻璃和塑料制造光纤,而使用超高纯度石英玻璃纤维制作的光纤可以得到最低的传输损耗。光纤质地脆,易断裂,因此纤芯需要外加一层保护层。光导纤维电缆由一捆纤维组成,简称为光缆,如图3.5所示。

光纤也称为纤芯,通常是由石英玻璃制成,其横截面积很小的双层同心圆柱体。它质地脆,易断裂,由于这一缺点,需要外加一保护层,其结构如图3.6所示。

光缆是数据传输中最有效的一种传输介质,它有以下几个优点:

①较宽的频带。

<table>
<tr><td></td><td>中心加强件</td></tr>
</table>

中心加强件
钢带
UV光纤
松套管
光纤油膏
缆芯填充物
扎纱及填充物
阻燃外护套

图 3.5 光缆   图 3.6 光缆结构

②电磁绝缘性能好。光纤电缆中传输的是光束,而光束是不受外界电磁干扰影响的,并且本身也不向外辐射信号,因此它适用于长距离的信息传输以及要求高度安全的场合。

③衰减较小。

④中继器的间隔距离较大,因此整个通道中继器的数目可以减少,这样可降低成本。而同轴电缆和双绞线在长距离使用中就需要接中继器。

2. 光纤的种类

光纤主要有两大类,即单模光纤和多模光纤。

(1)单模光纤

单模光纤的纤芯直径很小,在给定的工作波长上只能以单一模式传输,传输频带宽,传输容量大。光信号可以沿着光纤的轴向传播,因此光信号的损耗很小,离散也很小,传播的距离较远。单模光纤 PMD 规范建议芯径为 $8 \sim 10 \ \mu m$,包层直径为 $125 \ \mu m$。

(2)多模光纤

多模光纤是在给定的工作波长上,能以多个模式同时传输的光纤。多模光纤的纤芯直径一般为 $50 \sim 200 \ \mu m$,而包层直径的变化范围为 $125 \sim 230 \ \mu m$。计算机网络用纤芯直径为 $62.5 \ \mu m$,包层直径为 $125 \ \mu m$,也就是通常所说的 $62.5 \ \mu m$。与单模光纤相比,多模光纤的传输性能要差。在导入波长上分单模 $1 \ 310 \ nm$、$1 \ 550 \ nm$;多模 $850 \ nm$、$1 \ 300 \ nm$。

单模光纤与多模光纤各种特性的比较详见表 3.2。

表 3.2 单模光纤与多模光纤的特性比较表

项　　目	单模光纤	多模光纤
纤芯直径	细($8.3 \sim 10 \ \mu m$)	粗($50 \sim 62.5 \ \mu m$)
耗散	极小	大
效率	高	低
成本	高	低
传输速率	高	低
光源	激光	发光二极管

3. 光纤通信

光纤通信系统是以光波为载体、光导纤维为传输介质的通信方式,由光源、传输介质、光发送器、光接收器组成,如图3.7所示。光源有发光二极管 LED、光电二极管(PIN)、半导体激光器等;传输介质为光纤介质;光发送器主要作用是将电信号转换为光信号,再将光信号

导入光纤中,光接收器的主要作用是从光纤上接收光信号,再将光信号转换为电信号。

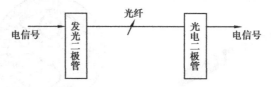

图 3.7　光纤通信系统

4. 吹光缆铺设技术

随着数据通信网络的迅速发展,越来越多地采用了光纤,一种全新的光纤布线方式——吹光纤布线流行起来。所谓"吹光纤"即预先在建筑群中铺设特制的管道,在实际需要采用光纤进行通信时,再将光纤通过压缩空气吹入管道。

(1)系统的组成

吹光纤系统由微管和微管组、吹光纤、附件和安装设备组成。

· 微管和微管组

吹光纤的微管有两种规格:5 mm 和 8 mm(外径)管。所有微管外皮均采用阻燃、低烟、不含卤素的材料,在燃烧时不会产生有毒气体,符合国际标准的要求。8 mm 管内径较粗,因此吹制距离较远。每一个微管组可由 2、4 或 7 根微管组成,并按应用环境分为室内及室外两类。在进行楼内或楼间光纤布线时,可先将微管在所需线路上布置但不将光纤吹入,只有当实际真正需要光纤通信时,才将光纤吹入微管并进行端接。

· 吹光纤

吹光纤有多模 62.5/125、多模 50/125 和单模三类。每一根微管可最多容纳 4 根不同种类的光纤,由于光纤表面经过特别处理并且重量极轻——每芯每米 0.23 g,因而吹制的灵活性极强。在吹光纤安装时,对于最小弯曲半径 25 mm 的弯度,在允许范围内最多可有 300 个 90°弯曲。吹光纤表面采用特殊涂层,在压缩空气进入空管时光纤可借助空气动力悬浮在空管内向前飘行。

· 附件

19 in[*1] 光纤配线架、跳线、墙上及地面光纤出线盒、用于微管间连接的陶瓷接头等。

· 安装设备

早期的吹光纤安装设备全重超过 130 kg,设备的移动较为复杂,不易于吹光纤技术的推广。1996 年,英国 BICC 公司在原设备的基础上进行了大量改进,推出了改进型设备 IM2000,如图 3.8 所示。IM2000 由两个手提箱组成,总净重不到 35 kg,便于携带。该设备通过压缩空气将光纤吹入微管,吹制速度可达到 40 m/min。

(2)系统的性能特点及优点

吹光纤系统与传统光纤系统的区别主要在于其铺设方式,光纤本身的衰减等指标与普通光纤相同,同样可采用 ST、SC 型接头端接,与普通光纤系统造价无太大差异。

采用吹光纤系统具有 4 大优点。

---

*　1 in=0.025 4 m=2.54 cm。

● 分散投资成本　在吹光纤系统中,由于微管成本极低,所以设计时可以尽可能地敷设光纤微管,在以后的应用中用户可根据实际需要吹入光纤,从而分散投资成本,减轻用户负担。

● 安装安全、灵活、方便　在吹光纤系统安装时只需安装光纤外的微管,由楼外进入楼内和在楼层分配线架时只需用特制陶瓷接头将微管拼接即可,无需做任何端接。当所有微管连接好后,将光纤吹入即可。由于路由上采用的是微管的物理连接,因此即使出现微管断裂,也只需简单地用另一段微管替换即可,对光纤不会造成任何损坏。

图 3.8　吹光纤设备 IM2000

● 便于网络升级换代　随着网络技术的高速发展,光纤本身亦将不断发展,而吹光纤的另一特点就是它既可以吹入,也可以吹出,当将来网络升级需要更换光纤类型时,用户可以将原来的光纤吹出,再将所需类型的光纤吹入,从而充分保护用户投资的安全性。

● 节省投资,避免浪费　采用吹光纤系统,在大楼建设时只需布放微管和部分光纤,随租/住用户的不断搬入,根据用户需要再将光纤吹入相应管道。当用户需要做网络修改时,还可将光纤吹出,再吹入新的光纤,节省资金,避免了不必要的费用。

【做一做】

(1)上网搜索网络综合布线中常用的传输介质的性能与选择。

(2)以小组为单位每位同学会利用双绞线、水晶头及剥线器制作网线,并用测试仪进行检测。

任务二　了解线槽规格、品种和器材

任务描述

◆通过本任务的学习,学生能记住并使用线槽规格、品种和器材。

任务分析

通过综合布线系统线槽规格、品种和器材的介绍,引导学生对线槽规格、品种和器材进行了解与选择。

任务实施

布线系统中除了线缆外,槽管也是一个重要的组成部分,可以说金属槽、PVC 槽、金属管、PVC 管是综合布线系统的基础性材料。在综合布线系统中主要使用的线槽有以下几种。

一、金属线槽和塑料线槽

1. 金属线槽

金属线槽由槽底和槽盖组成,每根线槽一般长度为 2 m,槽与槽连接时使用相应尺寸的铁板和螺丝固定,槽的外形如图 3.9(a)所示。

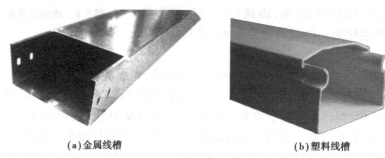

（a）金属线槽　　　　　　　　　　（b）塑料线槽

图 3.9　金属线槽和塑料线槽

在综合布线系统中一般使用的金属线槽的规格有 50 mm × 100 mm、100 mm × 100 mm、100 mm × 200 mm、100 mm × 300 mm、200 mm × 400 mm 等多种规格。

2. 塑料线槽

塑料线槽的形状如图 3.9(b)所示,但它的品种规格更多,从型号上讲有 PVC-20 系列、PVC-25 系列、PVC-25F 系列、PVC-30 系列、PVC-40 系列、PVC-40Q 系列等。

从规格上讲有 20 mm × 12 mm、25 mm × 12.5 mm、25 mm × 25 mm、30 mm × 15 mm、40 mm × 20 mm 等。

与 PVC 槽配套的附件有阳角、阴角、直转角、平三通、左三通、右三通、连接头、终端头、接线盒(暗盒、明盒)等。

二、金属管和塑料管

1. 金属管

金属管是用于分支结构或暗埋的线路,它的规格也有多种,外径以 mm 为单位。管的外形如图 3.10 所示。

工程施工中常用的金属管有 D16、D20、D25、D32、D40、D50、D63、D110 等规格。

在金属管内穿线比线槽布线难度更大一些,在选择金属管时要注意管径选择大一点,一般管内填充物占 30% 左右,以便于穿线。金属管还有一种是软管(俗称蛙皮管),供弯曲的地方使用。

2. 塑料管

塑料管产品分为两大类,即 PE 阻燃导管和 PVC 阻燃导管,塑料管的外形如图 3.11 所示。

图 3.10　金属管

图 3.11　塑料管

● PE 阻燃导管是一种塑制半硬导管,按外径有 D16、D20、D25、D32 这 4 种规格。外观为白色,具有强度高、耐腐蚀、挠性好、内壁光滑等优点,明、暗装穿线兼用,它还以盘为单位,每盘重为 25 kg。

● PVC 阻燃导管是以聚氯乙稀树脂为主要原料,加入适量的助剂,经加工设备挤压成型的刚性导管;小管径 PVC 阻燃导管可在常温下进行弯曲,便于用户使用;按外径有 D16、D20、D25、D32、D40、D45、D63、D110 等规格。

与 PVC 管安装配套的附件有:接头、螺圈、弯头、弯管弹簧;一通接线盒、二通接线盒、三通接线盒、四通接线盒、开口管卡、专用截管器、PVC 粗合剂等。

 三、桥架

桥架是布线行业的一个术语,是建筑物内布线不可缺少的一个部分。桥架分为普通型桥架、重型桥架、槽式桥架。在普通桥架中还可分为普通型桥架、直边普通型桥架。桥架的外形如图 3.12 所示。

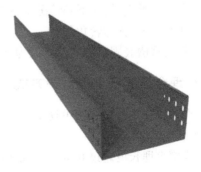

图 3.12　桥架外形

在普通桥架中,主要有以下配件供组合:

梯架、弯通、三通、四通、多节二通、凸弯通、凹弯通、调高板、端向连接板、调宽板、垂直转角连接件、连接板、小平转角连接板、隔离板等。

在直边普通型桥架中主要有以下配件供组合：

梯架、弯通、三通、四通、多节二通、凸弯通、凹弯通、盖板、弯通盖板、三通盖板、四通盖、凸弯通盖板、凹弯通盖板、花孔托盘、花孔弯通、花孔四通托盘、连接板、垂直转角连接扳、小平转角连结板、端向连接板护扳、隔离板、调宽板、端头挡板等。

重型桥架、槽式桥架在网络布线中很少使用，故不再叙述。

四、线缆的槽、管铺设方法

槽的线缆敷设一般有 4 种方法。

1. 采用电缆桥架或线槽和预埋钢管结合的方式

（1）电缆桥架宜高出地面 2.2 m 以上，桥架顶部距顶棚或其他障碍物不应小于 0.3 m，桥架宽度不宜小于 0.1 m，桥架内横断面的填充率不应超过 50%。

（2）在电缆桥架内缆线垂直敷设时，在缆线的上端应每间隔 1.5 m 左右固定在桥架的支架上；水平敷设时，在缆线的首、尾、拐弯处每间隔 2~3 m 进行固定。

（3）电缆线槽宜高出地面 2.2 m。在吊顶内设置时，槽盖开启面应保持 80 mm 的垂直净空，线槽截面利用率不应超过 50%。

（4）水平布线时，布放在线槽内的缆线可以不绑扎，槽内缆线应顺直，尽量不交叉，缆线不应溢出线槽，在缆线进出线槽部位，拐弯处应绑扎固定。垂直线槽布放缆线应每间隔 1.5 m 固定在缆线支架上。

（5）在水平、垂直桥架和垂直线槽中敷设线时，应对缆线进行绑扎。绑扎间距不宜大于 1.5 m，扣间距应均匀，松紧适度。

设置缆线桥架和缆线槽支撑保护的要求有：

①桥架水平敷设时，支撑间距一般为 1~1.5 m，垂直敷设时固定在建筑物体上的间距宜小于 1.5 m。

②金属线槽敷设时，在下列情况下设置支架或吊架：线槽接头处、间距 1~1.5 m、离开线槽两端口 0.5 m 处、拐弯转角处。

③塑料线槽槽底固定点间距一般为 0.8~1 m。

2. 预埋金属线槽支撑保护方式

（1）在建筑物中预埋线槽可视不同尺寸，按一层或两层设置，应至少预埋两根以上，线槽截面高度不宜超过 25 mm。

（2）线槽直埋长度超过 6 m 或在线槽路由交叉、转变时宜设置拉线盒，以便于布放缆线和维修。

（3）拉线盒盖应能开启，并与地面齐平，盒盖处应采取防水措施。

（4）线槽宜采用金属管引入分线盒内。

3.预埋暗管支撑保护方式

（1）暗管宜采用金属管，预埋在墙体中间的暗管内径不宜超过 50 mm；楼板中的暗管内径宜为 15～25 mm。在直线布管 30 m 处应设置暗箱等装置。

（2）暗管的转弯角度应大于 90°，在路径上每根暗管的转弯点不得多于两个，并不应有 S 弯出现。在弯曲布管时，在每间隔 15 m 处应设置暗线箱等装置。

（3）暗管转变的曲率半径不应小于该管外径的 6 倍，如暗管外径大于 50 mm 时，则曲率半径不应小于暗管外径的 10 倍。

（4）暗管管口应光滑，并加有绝缘套管，管口伸出部位应为 25～50 mm。

4.格形线槽和沟槽结合的保护方式

（1）沟槽和格形线槽必须连通。

（2）沟槽盖板可开启，并与地面齐平，盖板和插座出口处应采取防水措施。

（3）沟槽的宽度宜小于 600 mm。

（4）铺设活动地板的缆线时，活动地板内净空不应小于 150 mm，活动地板内如果作为通风系统的风道使用时，地板内净高不应小于 300 mm。

（5）采用公用立柱作为吊顶支撑时，可在立柱中布放缆线，立柱支撑点宜避开沟槽和线槽位置，支撑应牢固。

（6）不同种类的缆线布线在金属槽内时，应同槽分隔（用金属板隔开）布放。

（7）金属线槽接地应符合设计要求。

干线子系统缆线敷设支撑保护应符合下列要求：

①缆线不得布放在电梯或管道竖井中。

②干线通道间应连通。

③竖井中缆线穿过每层楼板孔洞宜为矩形或圆形。矩形孔洞尺寸不宜小于 300 mm × 100 mm；圆形孔洞处应至少安装 3 根圆形钢管，管径不宜小于 100 mm。

（8）在工作区的信息点位置和缆线敷设方式未定的情况下，或在工作区采用地毯下布放缆线时，在工作区宜设置交接箱，每个交接箱的服务面积约为 80 cm^2。

五、信息模块

信息模块是网络工程中经常使用的一种器材，分为 6 类、超 5 类、3 类，且有屏蔽和非屏蔽之分。信息模块如图 3.13 所示。

信息模块满足 T-568A 超 5 类传输标准，符合 T568A 和 T568B 线序，适用于设备间与工作区的通信插座连接。信息模块是免工具型设计，便于准确快速地完成端接，扣锁式端接帽确保导线全部端接并防止滑动。芯针触点材料为 50 μm 的镀金层，耐用性为 1 500 次插拔。

图 3.13 信息模块

打线柱外壳材料为聚碳酸酯,IDC 打线柱夹子为磷青铜,适用于 22,24 及 26AWG (0.64 mm,0.5 mm 及 0.4 mm)线缆,耐用性为 350 次插拔。

在 100 MHz 下测试传输性能:近端串扰 44.5 dB、衰减 0.17 dB、回波损耗 30.0 dB、平均46.3 dB。

六、面板、底盒

1.面板

常用面板分为单口面板和双口面板,面板外形尺寸符合国标 86 型、120 型。

86 型面板的宽度和长度都是 86 mm,通常采用高强度塑料材料制成,适合安装在墙面,具有防尘功能,如图 3.14 所示。

120 型面板的宽度和长度都是 120 mm,通常采用铜等金属材料制成,适合安装在地面,具有防尘、防水功能,如图 3.15 所示。

图 3.14　网络面板　　　　　　　　　　图 3.15　120 地插

2.底盒

常用底盒分为明装底盒和暗装底盒,如图 3.16 所示。明装底盒通常采用高强度塑料材料制成,而暗装底盒有塑料材料制成的也有金属材料制成的。

(a)明装底盒　　　　　　　　　　(b)暗装底盒

图 3.16　底盒

38

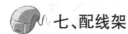 七、配线架

配线架是管理子系统中最重要的组件,是实现垂直干线和水平布线两个子系统交叉连接的枢纽,一般放置在管理区和设备间的机柜中。配线架通常安装在机柜内。通过安装附

件,配线架可以全线满足 UTP、STP、同轴电缆、光纤、音视频的需要。

在网络工程中常用的配线架有双绞线配线架和光纤配线架。

双绞线配线架的作用是在管理子系统中将双绞线进行交叉连接,用在主配线间和各分配线间。双绞线配线架的型号很多,每个厂商都有自己的产品系列,并且对应 3 类、5 类、超 5 类、6 类和 7 类线缆;分别有不同的规格和型号,在具体项目中,应参阅产品手册,根据实际情况进行配置。双绞线配线架如图 3.17 所示。

超5类24口配线架　　　　　超5类48口配线架　　　　　超5类110型跳线架

图 3.17　双绞线配线架

用于端接传输数据线缆的配线架采用19 in RJ45 口 110 配线架。此种配线架背面进线采用 110 端接方式,正面全部为 RJ45 口用于跳线配线。它主要分为 24 口、48 口等,全部为 19 in机架/机柜式安装。

光纤配线架的作用是在管理子系统中将光缆进行连接,通常在主配线间和各分配线间进行。

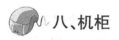八、机柜

机柜是存放设备和线缆交接的地方。机柜以 U 为单元区分(1 U =44.45 mm)。

标准的机柜为:宽度 19 in,深度为 600 mm,一般情况下:服务器机柜的深≥800 mm,而网络机柜的深≤800 mm。具体规格见表 3.3。

表 3.3　网络机柜规格表

产品名称	用户单元	规格型号 (宽×深×高) /mm×mm×mm	产品名称	用户单元	规格型号 (宽×深×高) /mm×mm×mm
普通墙柜 系列	6 U	530×400×300	普通网络 机柜系列	18 U	600×600×1 000
	8 U	530×400×400		22 U	600×600×1 200
	9 U	530×400×450		27 U	600×600×1 400
	12 U	530×400×600		31 U	600×600×1 600
普通服务器 机柜系列 (加深)	31 U	600×800×1 600		36 U	600×600×1 800
	36 U	600×800×1 800		40 U	600×600×2 000
	40 U	600×800×2 000		45 U	600×600×2 200

网络机柜可分为以下两种:

1.常用服务器机柜

图3.18　网络机柜

（1）安装立柱尺寸为480 mm(19 in)，内部安装设备的空间高度一般为1 850 mm(42 U)，如图3.18所示。

（2）采用优质冷轧钢板，独特表面静电喷塑工艺，耐酸碱，耐腐蚀，保证可靠接地、防雷击。

（3）走线简洁，前后及左右面板均可快速拆卸，方便各种设备的走线。

（4）上部安装有2个散热风扇。下部安装有4个转动辖辘和4个固定地脚螺栓。

（5）适用于IBM、HP、DELL等各种品牌导轨式上安装的机架式服务器。也可以安装普通服务器和交换机等标准U设备。一般安装在网络机房或者楼层设备间。

2.壁挂式网络机柜

壁挂式网络机柜主要用于摆放轻巧的网络设备，外观轻巧美观，全柜采用全焊接式设计，牢固可靠，机柜背面有4个挂墙的安装孔，可将机柜挂在墙上节省空间，如图3.19所示。

图3.19　壁挂网络机柜

小型挂墙式机柜，有体积小、纤巧、节省机房空间等特点，广泛用于计算机数据网络、布线、音响系统、银行、金融、证券、地铁、机场工程、工程系统等。

【做一做】

上网搜索线槽规格、品种和器材，金属线槽和塑料线槽，金属管和塑料管，桥架，线缆的槽、管铺设方法，信息模块，面板、底盒，配线架，机柜的功能与选择等内容。

任务三 了解布线工具

任务描述

◆通过本任务的学习,学生能使用网络布线系统布线工具。

任务分析

通过综合布线系统布线工具的介绍,引导学生对布线工具进行了解及使用。

任务实施

在网络布线系统中,进行缆线端接要借助于施工工具——布线工具。

1.5 对 110 型打线工具

该工具是一种简便快捷的 110 型连接端子打线工具,是 110 配线(跳线)架卡接连接块的最佳手段。一次最多可以接 5 对的连接块,操作简单,省时省力。适用于线缆、跳接块及跳线架的连接作业,如图 3.20 所示。

图 3.20　5 对 110 打线钳

2. 单对 110 型打线工具

单对 110 型打线工具适用于线缆、110 型模块及配线架的连接作业,使用时只需要简单地在手柄上推一下,就能完成将导线卡接在模块中,完成端接过程,如图 3.21 所示。

图 3.21　单对 110 打线钳

使用打线工具时,必须注意以下事项:

(1)用手在压线口按照线序把线芯整理好,然后开始压接,压接时必须保证打线钳方向正确,有刀口的一边必须在线端方向。正确压接后,刀口会将多余线芯剪断。否则,会将要用的网线铜芯剪断或者损伤。

(2)打线钳必须保证垂直,突然用力向下压,听到"咔嚓"声,配线架中的刀片会划破线芯的外包绝缘外套,与铜线芯接触。

(3)如果打接时不突然用力,而是均匀用力,不容易一次将线压接好,可能出现半接触状态。

(4)如果打线钳不垂直时,容易损坏压线口的塑料芽,而且不容易将线压接好。

3. RJ45 + RJ11 双用压接工具

RJ45 + RJ11 双用压接工具适用于 RJ45、RJ11 水晶头的压接,包括了双绞线切割、剥离外护套、水晶头压接等多种功能,如图 3.22 所示。

图 3.22　双用压线钳

4. RJ45 单用压接工具(压线钳)

在双绞线网线的制作过程中,压线钳是最主要的制作工具,如图 3.23 所示。一把钳子包括了双绞线切割、剥离外护套、水晶头压接等多种功能。

图 3.23　RJ45 压线钳　　　　　　　　　　　图 3.24　剥线器

因压线钳针对不同的线材会有不同的规格,在购买时一定要注意选对类型。

5. 剥线器

剥线器不仅外形小巧且简单易用,如图 3.24 所示。操作只需要一个简单的步骤就可除去缆线的外护套,即把线放在相应尺寸的孔内并旋转 3~5 圈就可除去缆线的外护套。

 【做一做】

上网查询网络布线系统各种布线工具的功能作用和使用方法。

任务四　了解网络综合布线器材展示柜

任务描述

◆通过本任务的学习,学生能使用网络综合布线器材展示柜展示。

任务分析

通过综合布线系统布线器材展示柜的介绍,引导学生对布线器材展示柜进行了解及使用。

任务实施

在目前各种网络综合布线类的教材中,往往会讲到以上布线材料和工具,但是很难给学生留下深刻的印象,需要结合实物展示给学生讲解。这里介绍西安开元电子实业有限公司专门为教学实训设计和销售的4款网络综合布线器材展示柜。

1.光缆展示柜

光缆展示柜用实物详细地展示了常用光缆器材,包括各种光缆、跳线、耦合器、熔接盒、架空缆线、拉攀、收线器、紧线器、挂钩等,其中还有光缆链路,如图3.25所示。

2.铜缆展示柜

铜缆展示柜用实物详细地展示了常用铜缆器材,包括各种非屏蔽电缆、屏蔽电缆、地毯电缆、跳线、模块、面板、网络配线架、110通信跳线架、连接块、线标环等,如图3.26所示。

图3.25　光缆展示柜　　　　　　　　　　图3.26　铜缆展示柜

3. 工具展示柜

工具展示柜利用实物展示了综合布线工程常用的专业工具,包括压线钳、打线钳、剥线器、弯管器、线管剪、活扳手、呆扳手、棘轮扳手、锯弓、水平尺、拐角尺等,如图3.27所示。

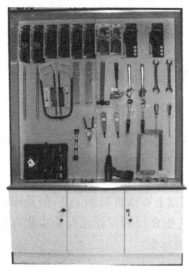

图 3.27　工具展示柜

图 3.28　配件展示柜

4. 配件展示柜

配件展示柜利用实物展示了网络综合布线系统工程常用的配件,包括各种 PVC 线槽、线管、阴角、阳角、直角、堵头、三通、管卡、支架;钢制桥架阴角/阳角/直角/三通;钢缆、U 型卡、线扎、膨胀螺栓、螺丝等,如图3.28所示。

网络综合布线器材展示柜的产品型号和技术规格见表3.4。

表 3.4　产品型号和技术规格

序	类　别	技术规格
1	产品型号	KYSYZ-01-11
2	外形尺寸	长 1.25 m,宽 0.35 m,高 2 m
3	产品规格	光缆展示柜、铜缆展示柜、工具展示柜、配件展示柜

网络综合布线器材展示柜的产品特点:

(1)上下组合板式结构,上部展柜,下部储物柜。

(2)展示柜结构为:密度板外框 + 全钢多功能螺孔展板 + 亚克力玻璃门结构。

(3)全钢展板预置多种安装螺丝孔,拆装方便,方便快速无痕布展,展示方式多样。

(4)亚克力玻璃门,有机合成透明材料,螺丝固定,安全结实。

【做一做】

上网搜索网络综合布线器材展示柜的特点及选择。

（1）简述综合布线系统常用的传输介质有哪些？

（2）双绞线的种类有哪几种？制作流程有哪些？

（3）大对数有哪些组成和种类？

（4）什么是同轴电缆？

（5）光纤有哪几类？其概念是什么？

（6）吹光纤系统具有哪些优越性？

（7）在综合布线系统中，主要使用线槽有哪几种？

（8）在综合布线系统中，与PVC线槽配套使用的附件有哪些？

（9）在综合布线系统中，线缆槽的铺设主要有哪几种？

（10）网络综合布线器材展示柜有哪些？

【自我评价表】

任务名称	目　标		完成情况			自我评价
			未完成	基本完成	完成	
网络传输介质	知识目标	了解网络传输介质				
	情感目标	同学间相互协作、培养团队意识				
线槽规格、品种和器材	知识目标	记住线槽规格、品种和器材				
	情感目标	同学间相互协作、培养团队意识				
布线工具	知识目标	了解网络布线系统布线工具				
	情感目标	同学间相互协作、培养团队意识				
网络综合布线器材展示柜	知识目标	了解网络综合布线器材展示柜				
	情感目标	同学间相互协作、培养团队意识				

（1）请同学们根据自己达到的水平在对应的"未完成""基本完成""完成"格中打√。

（2）请同学们在"自我评价"栏中对任务完成情况进行自我评价。

项目四

综合布线配线端接技术

【项目描述】

网络配线端接是连接网络设备和综合布线系统的关键施工技术,通常每个网络系统管理间有数百甚至数千根网络线。一般每个信息点的网络线从"设备跳线→墙面模块→楼层机柜通信配线架→网络配线架→交换机连接跳线→交换机级联线"等需要平均端接 10 ~ 12 次,每次端接 8 个芯线,因此在工程技术施工中,每个信息点大约平均需要端接 80 芯或者 96 芯,因此熟练掌握配线端接技术非常重要。

学习完本项目后,你将能够:

◆ 了解配线端接的意义和重要性

◆ 了解配线端接的技术原理

◆ 掌握网络双绞线剥线基本方法测算布线材料

◆ 掌握 RJ45 水晶头端接原理和方法

◆ 掌握网络模块端接原理和方法

◆ 掌握 5 对连接块端接原理和方法

◆ 掌握网络机柜内部配线端接

任务一　掌握配线端接的剥线技术

任务描述

◆通过本任务的学习,掌握配线端接的原理。

◆通过本任务的学习,掌握综合布线系统配线端接的基本方法。

任务分析

要完成本任务的学习,应熟悉配线端接的方法和技巧,掌握 UTP 双绞线排序的方法。

任务实施

1.配线端接的重要性

在综合布线系统中,配线端接技术直接影响网络系统的传输速度、传输速率、稳定性和可靠性,也直接决定综合布线系统永久链路和信道链路的测试结果。

2.综合布线系统配线端接的基本原理

线芯用机械力量压入两个刀片中,在压入过程中刀片将绝缘护套划破与铜线芯紧密接触,同时金属刀片的弹性将铜线芯长期夹紧,从而实现长期稳定的电气连接,如图4.1 所示。

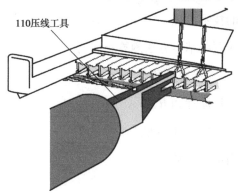

图4.1　使用110 压线工具将线对压入线槽内

3.网络双绞线剥线基本操作步骤

(1)剥开外绝缘护套。

使用剥线工具剥开外绝缘护套,在剥护套过程中不能对线芯的绝缘护套或者线芯造成损伤或者破坏,如图4.2 所示。

（a）使用剥线工具剥线　　　　　　（b）剥开外绝缘护套

图4.2　剥开外绝缘护套

特别注意不能损伤8根线芯的绝缘层，更不能损伤任何一根铜线芯。

（2）拆开4对双绞线。

如图4.3所示为正确的操作结果，不能强行拆散或者硬折线对，形成比较小的曲率半径。

图4.4表示已经将一对绞线硬折成很小的曲率半径。

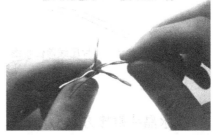

图4.3　拆开4对双绞线　　　　　　图4.4　硬折线对

（3）拆开单绞线。

（4）配线端接。

友情提示

①RJ45水晶头制作和模块压接线时线对拆开方式和长度不同。

②双绞线的接头处拆开线段的长度不应超过20 mm，压接好水晶头后拆开线芯长度必须小于14 mm，过长会引起较大的近端串扰。

【做一做】

动手完成双绞线的剥线、拆线，注意操作规范。

49

<h2>任务二　制作直通线和交叉线</h2>

任务描述

◆通过交叉线、直通线的制作和测试的实训,掌握 RJ45 水晶头端接的技巧和方法。

任务分析

完成本任务,要熟悉 RJ45 水晶头的端接原理。

图4.5 为 RJ45 水晶头刀片压线前位置图,图4.6 为 RJ45 水晶头刀片压线后位置图。

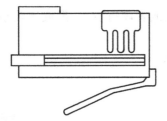 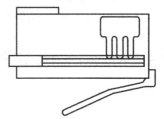

图4.5　RJ45 水晶头刀片压线前位置图　　　　图4.6　RJ45 水晶头刀片压线后位置图

任务实施

RJ45 水晶头端接方法和步骤

(1)剥开外绝缘护套。

(2)剥开4 对双绞线。

(3)剥开单绞线。

(4)将8 根线排好线序。

(5)剪齐线端。

将8 根线端头一次剪掉,留14 mm 长度,从线头开始,至少10 mm 导线之间不应有交叉,如图4.7 所示。

(a)剥开排好的双绞线　　　　　　　　　(b)剪齐的双绞线

图4.7　剪齐线端

(6)插入 RJ45 水晶头。

将双绞线插入 RJ45 水晶头内,如图 4.8(a)所示。注意一定要插到底,如图 4.8(b)所示为双绞线全部插入水晶头的状态。

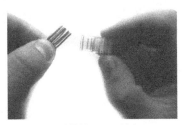

(a)导线插入RJ45插头　　　　　　(b)双绞线全部插入水晶头

图 4.8　双绞线插入 RJ45 水晶头

(7)压接。

(8)测试。

【做一做】

动手完成网络直通线和交叉线的制作,并能够正确地通过测试。

任务三　网络模块端接原理和方法

任务描述

◆通过网络模块端接的实训,掌握网络模块端接的技巧和方法。

任务分析

完成网络模块端接,应该掌握网络模块端接的原理:利用压线钳的压力将 8 根线逐一压接到模块的 8 个接线口,同时裁剪掉多余的线头。在压接过程中刀片首先快速划破线芯绝缘护套,与铜线芯紧密接触实现刀片与线芯的电气连接,这 8 个刀片通过电路板与 RJ45 口的 8 个弹簧连接。图 4.9 为模块刀片压线前位置图,图 4.10 为模块刀片压线后位置图。

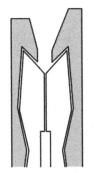

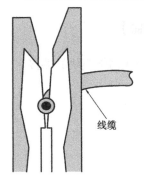

线缆

图 4.9　模块刀片压线前位置图　　　　　图 4.10　模块刀片压线后位置图

51

任务实施

网络模块端接方法和步骤

（1）剥开外绝缘护套。

（2）拆开4对双绞线。

（3）拆开单绞线。

（4）按照线序放入端接口，如图4.11所示。

（5）压接和剪线，如图4.12所示。

（6）盖好防尘帽，如图4.13所示。

（7）永久链路测试。

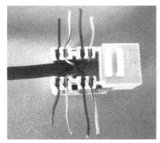 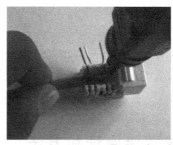 

图4.11　按照线序放入端接口　　　图4.12　压接和剪线　　　图4.13　盖好防尘帽

进行网络模块端接时，根据网络模块的结构，按照端接顺序和位置将每对绞线拆开并且端接到对应的位置，每对线拆开绞绕的长度越少越好，不能为了端接方便将线对拆开很长，特别在6类、7类系统端接时非常重要，直接影响永久链路的测试结果和传输速率。

 友情提示

①绞线端接时注意对应的位置。

②每对线拆开绞绕的长度越少越好。

 【做一做】

动手完成网络模块的端接。

任务四　了解 5 对连接块端接原理和方法

任务描述

◆通过 5 对连接块端接的实训,掌握通信配线架的安装连接。熟练地掌握 5 对连接块端接的方法和技巧。

任务分析

完成本任务,要理解 5 对连接块的端接原理。

5 对连接块的端接原理为:在连接块下层端接时,将每根线在通信配线架底座上对应的接线口放好,用力快速将五对连接块向下压紧,在压紧过程中刀片首先快速划破线芯绝缘护套,然后与铜线芯紧密接触,实现刀片与线芯的电气连接。

5 对连接块上层端接与模块端接原理相同。图 4.14 为模块压线前结构,图 4.15 为模块压线后结构。

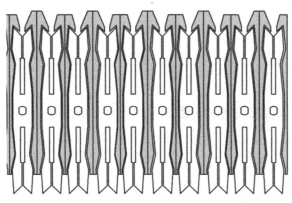

图 4.14　5 对连接块在压接线前的结构

任务实施

1.5 对连接块下层端接方法和步骤

(1)剥开外绝缘护套。

(2)剥开 4 对双绞线。

(3)剥开单绞线。

(4)按照线序放入端接口。

(5)将 5 对连接块压紧并且裁线。

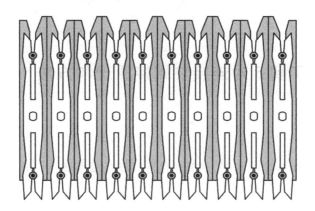

图 4.15　5 对连接块在压接线后的结构

2.5 对连接块上层端接方法和步骤

(1) 剥开外绝缘护套。

(2) 剥开 4 对双绞线。

(3) 剥开单绞线。

(4) 按照线序放入端接口。

(5) 压接和剪线。

(6) 盖好防尘帽。

友情提示

用力快速将 5 对连接块向下压紧时,应注意力度和技巧。

【做一做】

动手完成 5 对连接块端接。

任务五　网络机柜内部配线端接

54

任务描述

◆通过本任务的实训操作,掌握网络机柜内部配线端接的技能。

任务分析

完成网络机柜内部配线的端接,首先要了解机柜内设备的安装应遵循的原则:

（1）一般配线架安装在机柜下部,交换机安装在其上方。

（2）每个配线架之间安装有一个理线架,每个交换机之间也要安装理线架。

（3）正面的跳线从配线架中出来全部要放入理线架内,然后从机柜侧面绕到上部的交换机间的理线器中,再接插进入交换机端口。

任务实施

（1）一般网络机柜的安装尺寸执行《通信设备用综合集装架》（YD/T 1819—2008）标准,具体安装尺寸如图 4.16 所示。

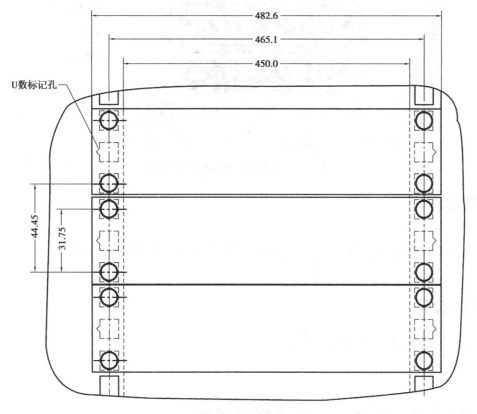

图 4.16　网络机柜的安装尺寸

（2）常见的机柜内配线架安装实物图,如图 4.17 所示。

机柜内部配线端接根据设备的安装进行连接,一般网络线缆进入到机柜内是直接将线缆按照顺序压接到网络配线架上,然后从网络配线架上做跳线与网络交换机的连接。

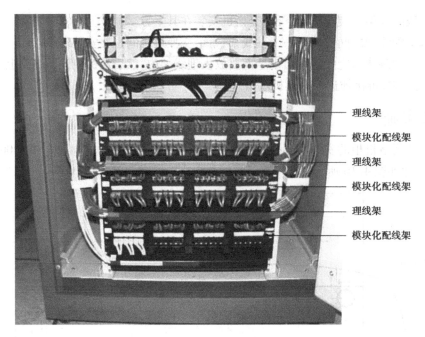

理线架

模块化配线架

理线架

模块化配线架

理线架

模块化配线架

图 4.17　机柜内配线架安装实物图

友情提示

注意理线架、配线架线缆的端接,安装完毕后要做到美观大方且方便管理。

【做一做】

动手完成网络机柜内部配线端接。

任务六　配线端接工程技术实训

任务描述

◆通过本任务的各项实训项目的操作,掌握住各类网络设备(机柜、网络模块、网络配线架、110 型通信跳线架)等配线的端接技术。

任务分析

完成本任务的实训,要掌握和理解各种配线端接的方法和技巧。

任务实施

实训一　标准网络机柜和设备安装实训

1. 实训目的

(1)掌握标准网络机柜和设备的安装。
(2)认识常用网络综合布线系统的工程器材和设备。
(3)掌握网络综合布线的常用工具和操作技巧。

2. 实训要求

(1)设计网络机柜内设备的安装施工图。
(2)完成开放式标准网络机架的安装。
(3)完成 1 台 19 in 7 U 网络压接线实验仪的安装。
(4)完成 1 台 19 in 7 U 网络跳线测试实验仪的安装。
(5)完成 2 个 19 in 1 U 24 口标准网络配线架的安装。
(6)完成 2 个 19 in 1 U 110 型标准通信跳线架的安装。
(7)完成 2 个 19 in 1 U 标准理线环的安装。
(8)完成电源的安装。

3. 实训设备、材料和工具

(1)开放式网络机柜底座 1 个,立柱 2 个,帽子 1 个,电源插座和配套螺丝。
(2)1 台 19 in 7 U 网络压接线实验仪。
(3)1 台 19 in 7 U 网络跳线测试实验仪。
(4)2 个 19 in 1 U 24 口标准网络配线架。
(5)2 个 19 in 1 U 110 型标准通信跳线架。
(6)2 个 19 in 1 U 标准理线环。
(7)配套螺丝、螺母。
(8)配套十字头螺丝刀、活扳手、内六方扳手。

4. 实训步骤

第一步:设计网络机柜施工安装图。
参考图 4.18 网络配线实训设备的结构,用 Visio 软件设计机柜设备
安装位置图。
第二步:器材和工具准备。
把设备开箱,按照装箱单检查数量和规格。
第三步:机柜安装。

图 4.18　网络配线
实训设备结构

57

按照开放式机柜的安装图纸把底座、立柱、帽子、电源等进行装配,保证立柱安装垂直、牢固。

第四步:设备安装。

按照第一步设计图纸安装全部的施工设备。保证每台设备位置正确、左右整齐和平直。

第五步:检查和通电。

设备安装完毕后,按照施工图纸仔细检查,确认全部符合施工图纸后接通电源测试。

5. 实训报告

(1)完成网络机柜设备安装施工图设计。

(2)总结机柜设备安装流程和要点。

(3)写出标准 U 机柜和 1 U 设备的规格和安装孔尺寸。

 ## 实训二　网络模块原理端接实训

1. 实训目的

(1)掌握网线的色谱、剥线方法、预留长度和压接顺序。

(2)掌握通信配线架模块的端接原理和方法,常见端接故障的排除。

(3)掌握常用工具和操作技巧。

2. 实训要求

(1)完成 6 根网线的两端剥线,不允许损伤线缆铜芯,长度应合适。

(2)完成 6 根网线的两端端接,共端接 96 芯线,端接正确率达到 100%。

(3)排除端接中出现的开路、短路、跨接、反接等常见故障。

(4)2 人一组,2 课时完成。

3. 实训设备、材料和工具

(1)网络配线实训装置。

(2)实训材料包 1 个。内装长度 500 mm 的网线 6 根。

(3)剥线器 1 把,打线钳 1 把,钢卷尺 1 个。

4. 实训步骤

第一步:准备实训材料和工具,并取出网线。

第二步:剥开外绝缘护套。利用剥线器将双绞线一端剥去外绝缘护套 2 cm,在剥护套过程中不能对线芯的绝缘层或者线芯造成损伤或者破坏。

第三步:拆开 4 对双绞线。按照对应颜色拆开 4 对单绞线,拆开 4 对单绞线时,必须按照绞绕顺序慢慢拆开,同时保护 2 根单绞线不被拆开和保持比较大的曲率半径,不能强行拆散或者硬折线对,造成比较小的曲率半径。

第四步:拆开单绞线,将4对单绞线分别拆开。

第五步:打开网络压接线实验仪电源。

第六步:按照线序放入端接口并且端接。

首先将网线一端的8根线放入实验仪下边对应接线口,然后逐一压接到连接块的刀口中,实现电气连接。

端接顺序按照568B从左到右依次为"白橙、橙、白绿、蓝、白蓝、绿、白棕、棕"。

第七步:另一端端接,重复第六步程序,将网线另一端8芯线逐一压接到实验仪上边对应的连接块刀口中,实现电气连接,如图4.19所示。

图4.19　网络模块端接

第八步:故障模拟和排除。在端接每根线时,注意观察对应的指示灯,如果端接正确时,对应的指示灯直观显示,如果出现错误时对应的指示灯也会立即显示,及时排除端接过程中出现的故障,也可以人为模拟故障。

第九步:重复以上操作,完成全部6根网线的端接。

在压接过程中,必须仔细观察对应的指示灯,如果压接完线芯,对应指示灯不亮时,说明上下两排中,有1芯线没有压接好,必须重复压接,直到指示灯亮。

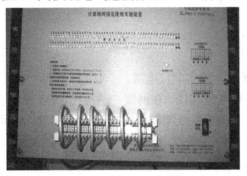

图4.20　网络模块检测

压接完线芯,对应指示灯不亮,而有错位的指示灯亮时,表明上下两排中,有1芯线序压错位,必须拆除错位的线芯,在正确位置重复压接,直到对应的指示灯亮,如图4.20所示。

5.实训报告

(1)写出网络线8芯色谱和568B端接线顺序。

(2)写出模块端接原理。

(3)写出压线钳操作注意事项。

 实训三　RJ45 网络配线架端接实训(RJ45 网络配线架+压接线实验仪)

1.实训目的

(1)熟练掌握RJ45网络配线架模块端接方法。

(2)掌握通信跳线架模块端接原理和方法。

(3)掌握常用工具和操作技巧。

2. 实训要求

(1)完成6根网线的端接,一端RJ45水晶头端接,另一端通信配线架模块的端接。

(2)完成6根网线的端接。一端RJ45网络配线架模块端接,另一端通信跳线架模块端接。

(3)排除端接中出现的开路、短路、跨接、反接等常见故障。

(4)2人一组,2课时完成。

3. 实训设备、材料和工具

(1)网络配线实训装置。

(2)实训材料包1个,500 mm网线12根,RJ45水晶头6个。

(3)剥线器1把,打线钳1把,钢卷尺1个。

4. 实训步骤

第一步:从实训材料包中取出2根网线,打开压接线实验仪电源。

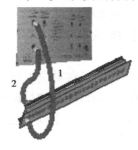

第二步:完成第一根网线端接,在网线一端进行RJ45水晶头的端接,在另一端进行与通信跳线架模块的端接,如图4.21所示。

第三步:完成第二根网线端接,把网线一端与配线架模块端接,另一端与通信跳线架模块端接,这样就形成了一个网络链路,对应指示灯直观显示线序,如图4.22所示。

第四步:端接过程中,仔细观察指示灯,及时排除端接中出现的开路、短路、跨接、反接等常见故障,如图4.22所示。

图4.21　网络链路端接

第五步:重复以上步骤完成其余5根网线的端接,如图4.23所示。

图4.22　配线架模块与通信跳线的端接

图4.23　6组线的端接

60

5. 实训报告

(1)写出568A和568B端接线顺序。

(2)写出网络配线架模块端接线的原理。

(3)总结出网络配线架模块的端接方法和注意事项。

实训四　110 型通信跳线架端接实训（110 型通信跳线架 + RJ45 配线架 + 压接线实验仪）

1. 实训目的

（1）熟练掌握通信跳线架模块端接方法。
（2）掌握网络配线架模块端接方法。
（3）掌握常用的工具和操作技巧。

2. 实训要求

（1）完成 6 根网线端接，一端与 RJ45 水晶头端接，另一端与通信跳线架模块端接。
（2）完成 6 根网线端接，一端与网络配线架模块端接，另一端与通信跳线架模块下层端接。
（3）完成 6 根网线端接，两端与两个通信跳线架模块上层端接。
（4）排除端接中出现的开路、短路、跨接、反接等常见故障。
（5）2 人一组，2 课时完成。

3. 实训设备、材料和工具

（1）网络配线实训装置。
（2）实训材料包 1 个，500 mm 网线 18 根，RJ45 水晶头 6 个。
（3）剥线器 1 把，打线钳 1 把，钢卷尺 1 个。

4. 实训步骤

第一步：从实训材料包中取出 3 根网线，打开压接线实验仪电源。

第二步：完成第一根网线端接，一端与 RJ45 水晶头端接，另一端与通信跳线架模块端接。

第三步：完成第二根网线端接，一端与网络配线架模块端接，另一端与通信跳线架模块下层端接。

第四步：完成第三根网线端接，两端分别与两个通信跳线架模块的上层端接，这样就形成了一个有 6 次端接的网络链路，对应的指示灯直观显示线序，如图 4.24 所示。

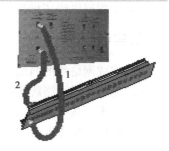

图 4.24　网络链路端接

第五步：端接过程中，仔细观察指示灯，及时排除端接中出现的开路、短路、跨接、反接等常见故障，如图 4.25 所示。

第六步：重复以上步骤完成其余 5 根网线端接，如图 4.26 所示。

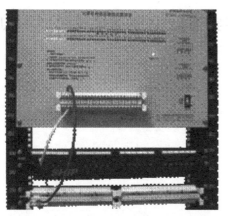

图4.25　跳线架模块与配线架模块的端接

图4.26　6组线的端接

5.实训报告

(1)写出通信跳线架模块端接线方法。

(2)写出网络配线架模块端接线方法。

(3)总结出通信跳线架模块和网络配线架模块的端接经验。

实训五　RJ45水晶头端接和跳线制作及测试实训

1.实训目的

(1)掌握RJ45水晶头和网络跳线的制作方法和技巧。

(2)掌握网络线的色谱、剥线方法、预留长度和压接顺序。

(3)掌握各种RJ45水晶头和网络跳线的测试方法。

(4)掌握网络线压接常用工具和操作技巧。

2.实训要求

(1)完成网络线的两端剥线,不允许损伤线缆铜芯,长度合适。

(2)完成4根网络跳线制作实训,共计压接8个RJ45水晶头。

(3)要求压接方法正确,每次压接成功,压接线序检测正确,正确率100%。

(4)2人一组,2课时完成。

3.实训设备、材料和工具

(1)网络配线实训装置。

(2)实训材料包1个,RJ45水晶头8个,500 mm网线4根。

(3)剥线器1把,压线钳1把,钢卷尺1个。

4.实训步骤

第一步:剥开双绞线外绝缘护套。

首先剪裁掉端头破损的双绞线,使用专门的剥线剪或者压线钳沿双绞线外皮旋转一圈,剥去约 30 mm 的外绝缘护套,如图 4.27 和图 4.28 所示。

图 4.27　剥开双绞线外绝缘护套

图 4.28　抽取双绞线外绝缘护套

友情提示

> 不能损伤 8 根线芯的绝缘层,更不能损伤任何一根铜线芯。

第二步:拆开 4 对双绞线。

将端头已经抽去外皮的双绞线按照对应颜色拆开成为 4 对单绞线。拆开 4 对单绞线时,必须按照绞绕顺序慢慢拆开,同时保护 2 根单绞线不被拆开和保持比较大的曲率半径,图 4.29 所示为正确的操作结果。不允许硬拆线对或者强行拆散,形成比较小的曲率半径,图 4.30 表示已经将一对绞线硬折成很小的曲率半径。

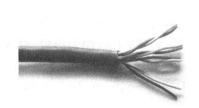

图 4.29　拆开 4 对双绞线正确结果

图 4.30　一对绞线硬折成很小曲率半径

第三步:拆开单绞线。

将 4 对单绞线分别拆开。注意 RJ45 水晶头制作和模块压接线时线对拆开方式和长度不同。

模块压接时,双绞线压接处拆开线段长度应该尽量短,能够满足压接就可以了,不能为了压接方便就拆开线芯很长,过长会引起较大的近端串扰。

第四步:拆开单绞线和 8 芯线排好线序。

把 4 对单绞线分别拆开,同时将每根线轻轻捋直,按照 568B 线序水平排好,在排线过程中注意从线端开始,至少 10 mm 导线之间不应有交叉或者重叠。568B 线序为白橙、橙、白绿、蓝、白蓝、绿、白棕、棕,如图 4.31 所示。

第五步:剪齐线端。

把整理好线序的 8 根线端头一次剪掉,留 14 mm 长度,如图 4.32 所示。

图4.31 8芯线排好线序

图4.32 剪齐线端

第六步:插入 RJ45 水晶头和压接。

把水晶头刀片一面朝自己,将白橙线对准第一个刀片插入 8 芯双绞线,每芯线必须对准一个刀片,插入 RJ45 水晶头内,保持线序正确,而且一定要插到底。然后放入压线钳对应的刀口中,用力一次压紧,如图4.33 和图4.34 所示。

重复以上步骤,完成另一端水晶头的制作,这样就完成了一根网络跳线了。

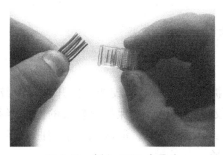

图4.33 插入 RJ45 水晶头

图4.34 压接后 RJ45 水晶头

第七步:网络跳线测试。

把跳线两端 RJ45 头分别插入测试仪上下对应的插口中,观察测试仪指示灯闪烁顺序,如图 4.35 所示。568B 线序为白橙、橙、白绿、蓝、白蓝、绿、白棕、棕。如果跳线线序和压接正确时,上下对应的 8 组指示灯会按照 1—1,2—2,3—3,4—4,5—5,6—6,7—7,8—8 顺序轮流重复闪烁。

如果有一芯或者多芯没有压接到位时,对应的指示灯不亮。

如果有一芯或者多芯线序错误时,对应的指示灯将显示错误的线序。

图4.35 网络链路端接

5.实训报告

(1)写出网络线 8 芯色谱和 568B 端接线顺序。

(2)写出 RJ45 水晶头端接线的原理。

(3)总结出网络跳线制作方法和注意事项。

实训六　基本永久链路实训（RJ45 网络配线架＋跳线实验仪）

1. 实训目的

（1）掌握网络永久链路。
（2）掌握网络跳线制作方法和技巧。
（3）掌握网络配线架的端接方法。
（4）熟悉掌握网络端接常用工具和操作技巧。

2. 实训要求

（1）完成 4 根网络跳线制作，一端插在实验仪 RJ45 口中，另一端插在配线架 RJ45 口中。
（2）完成 4 根网络线端接，一端 RJ45 水晶头端接并且插在实验仪中，另一端在网络配线架模块端接。
（3）完成 4 个网络链路，每个链路端接 4 次 32 芯线，端接正确率达到 100%。
（4）2 人一组，2 课时完成。

3. 实训设备、材料和工具

（1）网络配线实训装置。
（2）实训材料包 1 个，RJ45 水晶头 12 个，500 mm 网线 8 根。
（3）剥线器 1 把，压线钳 1 把，打线钳 1 把，钢卷尺 1 个。

4. 实训步骤

第一步：从实训材料包中取出 3 个 RJ45 水晶头、2 根网线。

第二步：打开网络配线实训装置上的网络跳线测试仪电源。

第三步：按照 RJ45 水晶头的制作方法，制作第一根网络跳线，两端 RJ45 水晶头端接，测试合格后将一端插在实验仪 RJ45 口中，另一端插在配线架 RJ45 口中。

第四步：把第二根网线一端首先按照 568B 线序做好 RJ45 水晶头，然后插在测试仪中。

第五步：把第二根网线另一端剥开，将 8 芯线拆开，按照 568B 线序端接在网络配线架模块中，这样就形成了一个 4 次端接的永久链路，如图 4.36 所示。

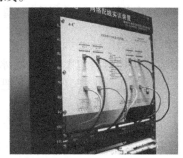

图 4.36　网络链路端接

第六步：测试。压接好模块后，这时对应的 8 组 16 个指示灯依次闪烁，显示线序和电气连接情况，如图 4.36 所示。

第七步：重复以上步骤，完成 4 个网络链路和测试，如图 4.37 所示。

5. 实训报告

（1）设计 1 个带 CP 集合点的综合布线永久链路图。

（2）总结永久链路的端接技术，如 568A 和 568B 端接线顺序和方法。

（3）总结 RJ45 模块和 5 对连接模块的端接方法。

 实训七　复杂永久链路实训（110 **型通信跳线架 + RJ45 配线架 + 跳线实验仪**）

1. 实训目的

（1）设计复杂永久链路图。

（2）熟练掌握 110 通信跳线架和 RJ45 网络配线架的端接方法。

（3）掌握永久链路测试技术。

2. 实训要求

（1）完成 4 根网络跳线制作，一端插在实验仪 RJ45 口中，另一端插在配线架 RJ45 口中。

（2）完成 4 根网线端接，一端端接在配线架模块中，另一端端接在通信跳线架连接块下层。

（3）完成 4 根网线端接，一端 RJ45 水晶头端接并且插在实验仪中，另一端端接在通信跳线架连接块上层。

（4）完成 4 个网络永久链路，每个链路端接 6 次 48 芯线，端接正确率达到 100%。

（5）2 人一组，2 课时完成。

3. 实训设备、材料和工具

（1）网络配线实训装置。

（2）实训材料包 1 个，RJ45 水晶头 12 个，500 mm 网线 12 根。

（3）剥线器 1 把，压线钳 1 把，打线钳 1 把，钢卷尺 1 个。

4. 实训步骤

第一步：准备材料和工具，打开电源开关。

第二步：按照 RJ45 水晶头的制作方法，制作第一根网络跳线，两端 RJ45 水晶头端接，测试合格后将一端插在实验仪下部的 RJ45 口中，另一端插在配线架 RJ45 口中。

第三步：把第二根网线一端按照 568B 线序端接在网络配线架模块中，另一端端接在 110 通信跳线架下层，并且压接好 5 对连接块。

第四步：把第三根网线一端端接好 RJ45 水晶头，插在实验仪上部的 RJ45 口中，另一端端接在 110 通信跳线架模块上层，端接时对应指示灯直观显示线序和电气连接情况，如图 4.37 所示。

完成上述步骤就形成了有 6 次端接的一个永久链路。

第五步:测试。压接好模块后,这时对应的 8 组 16 个指示灯依次闪烁,显示线序和电气连接情况。

第六步:重复以上步骤,完成 4 个网络永久链路和测试。

第七步:永久链路技术指标测试。

把永久链路的两个 RJ45 插头,插入专业的网络测试仪器,就能够直接测量出这个链路的各项技术指标了。

GB 50311 中规定的永久链路 11 项技术参数如下:

最小回波损耗值;最大插入损耗值;最小近端串音值;最小近端串音功率;最小 ACR 值;最小 PSACR 值;最小等电平远端串音值;最小 PS ELFEXT 值;最大直流环路电阻;最大传播时延;最大传播时延偏差。

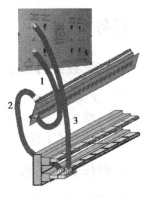

图 4.37 永久链路

(1)设计 1 个复杂永久链路图。

(2)总结永久链路的端接和施工技术。

(3)总结网络链路端接种类和方法。

【做一做】

认真在教师的带领下完成上述 7 个实训项目,总结各种配线端接技术,并完成实验报告。

友情提示

注意各种端接技术的技巧,安装完毕后要做到美观大方且方便管理。

任务七 工程经验

任务描述

◆通过本任务的学习,了解一些常用的工程经验。

任务分析

对于工程经验,在我们施工工程中经常应用,大家要总结和应用。

任务实施

1. 在配线架打线之后一定要记得做好标记

在一次施工中,有几个信息点在安装配线架打线完成后,没有及时地做标记。等开通网络的时候,端口怎么也对不上,让工程师依次查了一遍之后才弄好。这样不但延长了施工工期,而且还加大了工程的成本。

2. 制作跳线不通

在制作跳线 RJ45 水晶头时往往会遇到制作好后有些芯不通,主要的原因有两点:
(1)网线线芯没有完全插到位。
(2)在压线的时候没有将水晶头压实。

3. 打线方法要规范

有些施工工人在做条线的时候,并不是按照 568A 或者 568B 的打线方法进行打线的,而是按照 1、2 线对打白色和橙色,3、4 线对打白色和绿色,5、6 线对打白色和蓝色,7、8 线对打白色和棕色,这样的条线在施工的过程中是能够保证线路畅通的,但是它的线路指标却是很差的,特别是近端串扰指标特别差,会导致严重的信号泄漏,造成上网困难和间接性中断。因此,项目经理要提醒制作工人打线方法一定要规范。

【自我评价表】

任务名称		目 标	完成情况			自我评价
			未完成	基本完成	完成	
配线端接方法和原理	知识目标	理解配线端接的重要性				
		掌握综合布线系统配线端接的基本原理				
	技能目标	掌握 110 压线工具的基本操作				
		掌握 EIA/TIA 568B 排序的方法,EIA/TIA 568A 排序的方法				
	情感目标	培养学生理解思考的能力				
		培养学生团结协作的能力				
RJ45 水晶头端接原理和方法	知识目标	理解 RJ45 水晶头端接的测试原理				
		理解 RJ45 火晶头的端接原理				
	技能目标	掌握 RJ45 水晶头端接				
		掌握 J45 水晶头端接的测试				
	情感目标	培养学生刻苦耐劳的精神				

续表

任务名称		目　标	完成情况			自我评价
			未完成	基本完成	完成	
网络模块端接原理和方法	知识目标	理解网络模块端接的原理				
		掌握网络模块端接的步骤				
	技能目标	能正确地完成网络模块端接				
		能完成网络模块端接的测试				
	情感目标	培养学生观察辨别的能力				
		培养学生仔细、耐心的能力				
5对连接块端接原理和方法	知识目标	理解5对连接块的端接原理				
		理解5对连接块的端接要领				
	技能目标	掌握5对连接块上层端接				
		掌握5对连接块下层端接				
	情感目标	培养学生分析思考的能力				
		培养学生刻苦耐劳的能力				
网络机柜内部配线端接	知识目标	理解机柜内设备的安装应遵循的原则				
		掌握机柜内设备安装的技巧				
	技能目标	能完成机柜内设备的安装				
		能完成机械内设备安装后的验收				
	情感目标	培养学生团结互助的精神				
		培养学生勤于思考的习惯				
配线端接工程技术实训	知识目标	理解综合布线的常用工具和操作技巧				
		掌握通信配线架模块的端接原理				
		掌握网线的色谱、剥线方法、预留长度和压接顺序				
	技能目标	能完成通信配线架模块的常见端接故障的排除				
	情感目标	培养学生观察判断的能力				
		培养学生分析思考的能力				

(1)请同学们根据自己达到的水平在对应的"未完成""基本完成""完成"格中打√。
(2)请同学们在"自我评价"栏中对任务完成情况进行自我评价。

工作区子系统

【项目描述】

工作区子系统是指从信息插座延伸到终端设备的整个区域,即一个独立的需要设置终端的区域划分为一个工作区。

学习完本项目后,你将能够:

◆ 理解工作区子系统的基本概念

◆ 掌握工作区子系统的设计原则

◆ 掌握工作区子系统的设计方法

◆ 掌握工作区子系统的设备安装

◆ 完成工作区子系统工程技术实训

◆ 完成工程经验的总结

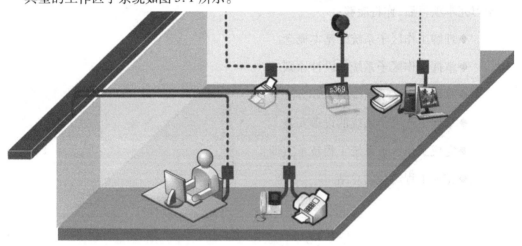

任务一　理解工作区子系统的基本概念

任务描述

◆通过本任务的学习,掌握工作区的定义,工作区划分的原则,工作区适配器的选用原则,工作区设计的要点和信息插座连接技术的要求。

任务分析

对于工作区子系统的认识,了解各种楼宇中综合布线系统的结构。

任务实施

1.工作区

典型的工作区子系统如图5.1所示。

图5.1　工作区子系统

2.工作区的划分原则

按照 GB 50311 国家标准规定,一个工作区的服务面积可按 $5 \sim 10 \ m^2$ 估算,也可按不同的应用环境调整面积的大小。

3.工作区适配器的选用原则

选择适当的适配器,可使综合布线系统的输出与用户的终端设备保持完整的电器兼容。适配器的选用应遵循以下原则:

（1）在设备连接器采用不同于信息插座的连接器时，可用专用电缆及适配器。

（2）在单一信息插座上进行两项服务时，可用"Y"型适配器。

（3）在配线（水平）子系统中选用的电缆类别（介质）不同于设备所需的电缆类别（介质）时，宜采用适配器。

（4）在连接使用不同信号的数模转换设备、光电转换设备及数据速率转换设备等装置时，宜采用适配器。

（5）为了特殊的应用而实现网络的兼容性时，可用转换适配器。

（6）根据工作区内不同的电信终端设备（例如 ADSL 终端）可配备相应的适配器。

4. 工作区设计要点

（1）工作区内线槽的敷设要合理、美观。

（2）信息插座应设计在距离地面 30 cm 以上。

（3）信息插座与计算机设备的距离应保持在 5 m 范围内。

（4）网卡接口类型要与线缆接口类型保持一致。

（5）所有工作区所需的信息模块、信息插座、面板的数量要准确。

工作区设计时，具体操作可按以下三步进行：

第一，根据楼层平面图计算每层楼的布线面积。

第二，估算信息引出插座数量，一般设计两种平面图供用户选择。一种是为基本型设计出每 9 m² 一个信息引出插座的平面图；另一种是为增强型或综合型设计出两个信息引出插座的平面图。

第三，确定信息引出插座的类型。信息引出插座分为嵌入式和表面安装式两种，我们可根据实际情况，采用不同的安装式样来满足不同的需要。通常新建筑物采用嵌入式信息引出插座；而现有的建筑物采用表面安装式的信息引出插座。

5. 信息插座连接技术要求

（1）信息插座与终端的连接形式

每个工作区至少要配置一个插座盒。对于难以再增加插座盒的工作区，至少要安装两个分离的插座盒。信息插座是终端（工作站）与水平子系统连接的接口。其中最常用的为 RJ45 信息插座，即 RJ45 连接器。

在实际设计时，必须保证每个 4 对双绞线电缆终接在工作区中一个 8 脚（针）的模块化插座（插头）上。综合布线系统可采用不同厂家的信息插座和信息插头。这些信息插座和信息插头基本上都是一样的。对于计算机终端设备，将带有 8 针的 RJ45 插头跳线插入网卡；在信息插座一端，跳线的 RJ45 水晶头连接到插座上。

虽然适配器和设备可用在几乎所有的场合，以适应各种需求，但在作出设计承诺之前，必须仔细考虑将要集成的设备类型和传输信号类型。在作出上述决定时必须考虑以下 3 个因素：

①各种设计选择方案在经济上的最佳折中；

②系统管理的一些比较难以捉摸的因素；

③在布线系统寿命期间移动和重新布置所产生的影响。

（2）信息插座与连接器的接法

对于 RJ45 连接器与 RJ45 信息插座,与 4 对双绞线的接法主要有两种,一种是 568A 标准,另一种是 568B 的标准。

【做一做】

（1）根据本任务的内容,请大家再对楼宇间布线系统的子系统进行划分。

（2）观察各子系统的划分和设计要求有哪些?

任务二　掌握工作区子系统的设计原则

任务描述

◆通过本任务的学习,掌握工作区子系统设计的步骤,能进行需求分析和技术交流,能够阅读建筑物图纸和工作区编号,能够根据初步设计工作区系统方案完成正式设计。

任务分析

对于本任务的学习,要着重理解工作区子系统的定义和组成。

任务实施

1. 设计步骤

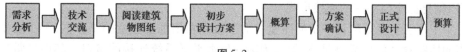

图 5.2

2. 需求分析

需求分析是综合布线系统设计的首项重要工作,对后续工作的顺利开展是非常重要的,也直接影响最终工程造价。需求分析主要掌握用户的当前用途和未来扩展需要,目的是把设计对象归类,按照写字楼、宾馆、综合办公室、生产车间、会议室、商场等类别进行归类,为后续设计确定方向和重点。

需求分析首先从整栋建筑物的用途开始进行,然后按照楼层进行分析,最后再到楼层的各个工作区或者房间,逐步明确和确认每层和每个工作区的用途与功能,分析这个工作区的需求,规划工作区的信息点数量和位置。

现在的建筑物往往有多种用途和功能,例如:一栋 18 层的建筑物,-2 层为空调机组等设备安装层, -1 层为停车场,1~2 层为商场,3~4 层为餐厅,5~10 层为写字楼,11~18 层为宾馆。

3. 技术交流

在进行需求分析后,要与用户进行技术交流,这是非常必要的。不仅要与技术负责人交流,也要与项目或者行政负责人进行交流,进一步了解用户的需求,特别是未来的发展需求。在交流中重点了解每个房间或者工作区的用途、工作区域、工作台位置、工作台尺寸、设备安装位置等详细信息。在交流过程中必须进行详细的书面记录,每次交流结束后要及时整理书面记录,这些书面记录是初步设计的依据。

4. 阅读建筑物图纸和工作区编号

索取和认真阅读建筑物设计图纸是不能省略的程序,通过阅读建筑物图纸掌握建筑物的土建结构、强电路径、弱电路径,特别是主要电器设备和电源插座的安装位置,重点掌握在综合布线路径上的电器设备、电源插座、暗埋管线等。在阅读图纸时,进行记录或者标记,这有助于将网络和电话等插座设计在合适的位置,避免强电或者电器设备对网络综合布线系统的影响。

工作区信息点命名和编号是非常重要的一项工作,命名首先必须准确表达信息点的位置或者用途,要与工作区的名称相对应。这个名称从项目设计开始到竣工验收及后续维护最好一致。如果出现项目投入使用后用户改变了工作区名称或者编号时,必须及时制作名称变更对应表,作为竣工资料保存。

5. 初步设计

(1)工作区面积的确定

随着智能化建筑和数字化城市的普及和快速发展,智能化管理系统普遍应用使建筑物的功能呈现多样性和复杂性。建筑物的类型也越来越多,大体上可以分为商业、文化、媒体、体育、医院、学校、交通、住宅、通用工业等,因此,对工作区面积的划分应根据应用的场合作具体的分析后再确定。工作区子系统是包括办公室、写字间、作业间、技术室等需用电话、计算机终端、电视机等设施的区域和相应设备的统称。一般建筑物设计时,网络综合布线系统工作区面积的需求参照表 5.1 所示内容。

表 5.1　工作区面积划分表(GB 50311—2007 规定)

建筑物类型及功能	工作区面积/m²
网管中心、呼叫中心、信息中心等终端设备较为密集的场地	3~5
办公区	5~10
会议、会展	10~60
商场、生产机房、娱乐场所	20~60
体育场馆、候机室、公共设施区	20~100
工业生产区	60~200

（2）工作区信息点的配置

一个独立的需要设置终端设备的区域宜划分为一个工作区,每个工作区需要设置一个计算机网络数据点或者语音电话点,也可以按用户需要设置。部分工作区可能需要支持数据终端、电视机及监视器等终端设备。

每个工作区信息点数量可按用户的性质、网络构成和需求来确定。

在网络综合布线系统工程实际应用和设计中,一般按照下述面积或者区域配置和确定信息点数量。表5.2是根据作者多年项目设计经验给出的常见工作区信息点的配置原则,提供给设计者参考。

表5.2　常见工作区信息点的配置原则

工作区类型及功能	安装位置	安装数量	
		数据	语音
网管中心、呼叫中心、信息中心等终端设备较为密集的场地	工作台处墙面或者地面	1~2个/工作台	2个/工作台
集中办公区域的写字楼、开放式工作区等人员密集场所	工作台处墙面或者地面	1~2个/工作台	2个/工作台
董事长、经理、主管等独立办公室	工作台处墙面或者地面	2个/间	2个/间
小型会议室/商务洽谈室	主席台处地面或者台面会议桌地面或者台面	2~4个/间	2个/间
大型会议室,多功能厅	主席台处地面或者台面会议桌地面或者台面	5~10个/间	2个/间
>5 000 m² 的大型超市或者卖场	收银区和管理区	1个/100 m²	1个/100 m²
2 000~3 000 m² 中小型卖场	收银区和管理区	1个/30~50 m²	1个/30~50 m²
餐厅、商场等服务业	收银区和管理区	1个/50 m²	1个/50 m²
宾馆标准间	床头或写字台或浴室	1个/间,写字台	1~3个/间
学生公寓(4人间)	写字台处墙面	4个/间	4个/间
公寓管理室、门卫室	写字台处墙面	1个/间	1个/间
教学楼教室	讲台附近	1~2个/间	
住宅楼	书房	1个/套	2~3个/套

（3）工作区信息点点数统计表

工作区信息点点数统计表简称点数表,是设计和统计信息点数量的基本工具和手段。

点数统计表能够一次准确和清楚地表示和统计出建筑物的信息点数量,点数表的格式见表5.3。

表 5.3　建筑物网络综合布线信息点数量统计表

楼层编号	房间或者区域编号										数据点数合计	语音点数合计	信息点数合计
	01		03		05		07		09				
	数据	语音	数据	语音	数据	语音	数据	语音	数据	语音			
18 层	3		1		2		3		3		12		
		2		1		2		3		2		10	
17 层	2		2		3		2		3		12		
		2	3	2		2		2		2		13	
16 层	5				5		5		6		24		
		4		3		4		5		4		23	
15 层	2		2		3		2		3		12		
		2	3	2		2		2		2		13	
合计											60		
												49	109

点数表的制作方法为,利用 Microsoft Excel 工作表软件进行,一般常用的表格格式为房间按照行表示,楼层按列表示。

第一行为设计项目或者对象的名称,第二行为房间或者区域名称,第三行为房间号,第四行为数据或者语音类别,其余行填写每个房间的数据或者语音点数量,为了清楚和方便统计,一般每个房间有两行,一行数据,一行语音。最后一行为合计数量。在点数表填写中,房间编号由大到小按照从左到右的顺序填写。

第一列为楼层编号,填写对应的楼层编号,中间列为该楼层的房间号,为了清楚和方便统计,一般每个房间有两列,一列数据,一列语音。最后一列为合计数量。在点数表填写中,楼层编号由大到小按照从上往下顺序填写。

在填写点数统计表时,从楼层的第一个房间或者区域开始,逐间分析需求和划分工作区,确认信息点数量和大概位置。在每个工作区首先确定网络数据信息点的数量,然后考虑电话语音信息点的数量,同时还要考虑其他控制设备的需要,例如:在门厅和重要办公室入口位置考虑设置指纹考勤机、门警系统网络接口等。

6. 概算

在初步设计的最后要给出该项目的概算,这个概算是指整个综合布线系统工程的造价概算,当然也包括工作区子系统的造价。工程概算的计算方法公式如下:

工程造价概算 = 信息点数量 × 信息点的价格

例如:按照表 5.3 统计的 15~18 层语音信息点数量为 49 个,每个信息点的造价按照 100 元计算时,该工程分项造价概算为 49×100 元 = 4 900 元。

每个信息点的造价概算中应该包括材料费、工程费、运输费、管理费、税金等全部费用。材料中应该包括机柜、配线架、配线模块、跳线架、理线环、网线、模块、底盒、面板、桥架、线槽、线管等全部材料及配件。

7. 初步设计方案确认

初步设计方案主要包括点数统计表和概算两个文件,因为工作区子系统信息点数量直接决定综合布线系统工程的造价,信息点数量越多,工程造价越大。工程概算的多少与选用产品的品牌和质量有直接关系,工程概算多时宜选用高质量的知名品牌,工程概算少时宜选用区域知名品牌。点数统计表和概算也是综合布线系统工程设计的依据和基本文件,因此必须经过用户确认。

用户确认的一般程序如下:

整理点数统计表→准备用户确认签字文件→与用户交流和沟通→用户确认签字和盖章→设计方签字和盖章→双方存档

用户确认签字文件至少一式 4 份,双方各两份。设计单位一份存档,一份作为设计资料。

8. 正式设计

用户确认初步设计方案和概算后,就必须开始进行正式设计,正式设计的主要工作为准确设计每个信息点的位置,确认每个信息点的名称或编号,核对点数统计表最终确认信息点数量,为整个综合布线工程系统设计奠定基础。

(1)新建建筑物

随着 GB 50311—2007 国家标准的正式实施,2007 年 10 月 1 日起新建筑物必须设计网络综合布线系统,因此建筑物的原始设计图纸中有完整的初步设计方案和网络系统图。必须认真研究和读懂设计图纸,特别是与弱电有关的网络系统图、通信系统图、电气图等。

如果土建工程已经开始或者封顶时,必须到现场实际勘测,并且与设计图纸对比。

新建建筑物的信息点底盒必须暗埋在建筑物的墙面,一般使用金属底盒,很少使用塑料底盒。

(2)旧楼增加网络综合布线系统的设计

当旧楼增加网络综合布线系统时,设计人员必须到现场勘察,根据现场使用情况具体设计信息插座的位置、数量。

旧楼增加信息插座一般多为明装 86 系列插座。

(3)信息点安装位置

信息点的安装位置宜以工作台为中心进行设计,如果工作台靠墙布置时,信息点插座一般设计在工作台侧面的墙面,通过网络跳线直接与工作台上的计算机连接。避免信息点插座远离工作台,因为这样网络跳线比较长,既不美观,也可能影响网络传输速度或者稳定性,信息点插座也不宜设计在工作台的前后位置。

如果工作台布置在房间的中间位置或者没有靠墙时,信息点插座一般设计在工作台下面的地面,通过网络跳线直接与工作台上的计算机连接。在设计时必须准确估计工作台的位置,避免信息点插座远离工作台。

如果是集中或者开放办公区域,信息点的设计应该以每个工位的工作台和隔断为中心,将信息插座安装在地面或者隔断上。目前市场销售的办公区隔断上都预留有 2 个 86×86 系列信息点插座和电源插座安装孔。新建项目选择在地面安装插座时,有利于一次完成综合布线,适合在办公家具和设备到位前综合布线工程竣工,也适合工作台灵活布局和随时调整,但是地面安装插座施工难度比较大,地面插座的安装材料费和工程费成本是墙面插座成本的10～20倍。对于已经完成地面铺装的工作区不宜设计地面安装方式。对于办公家具已经到位的工作区宜在隔断安装插座设计。

在大门入口或者重要办公室门口宜设计门警系统信息点插座。

在公司入口或者门厅宜设计指纹考勤机、电子屏幕使用的信息点插座。

在会议室主席台、发言席、投影机位置宜设计信息点插座。

在各种大卖场的收银区、管理区、出入口宜设计信息点插座。

(4)信息点面板

每个信息点面板的设计非常重要,首先必须满足使用功能需要,然后考虑美观,同时还要考虑费用成本等。

地弹插座面板一般为黄铜制造,只适合在地面安装,每只售价为100～200元,地弹插座面板一般都具有防水、防尘、抗压功能,使用时打开盖板,不使用时,盖好盖板与地面高度相同。地弹插座有双口RJ45、双口RJ11、单口RJ45＋单口RJ11组合等规格;外形有圆形的,也有方形的。地弹插座面板不能安装在墙面。

墙面插座面板一般为塑料制造,只适合在墙面安装,每只售价为5～20元,具有防尘功能,使用时打开防尘盖,不使用时,防尘盖自动关闭。墙面插座面板有双口RJ45,双口RJ11,单口RJ45＋单口RJ11组合等规格。墙面插座面板不能安装在地面,因为塑料结构容易损坏,而且不具备防水功能,灰尘和垃圾进入插口后无法清理。

桌面型面板一般为塑料制造,适合安装在桌面或者台面,在综合布线系统设计中很少应用。

信息点插座底盒常见的有两个规格,适合墙面或者地面安装。墙面安装底盒为长86 mm、宽86 mm的正方形盒子,设置有2个M4螺孔,孔距为60 mm。它又分为暗装和明装两种。暗装底盒的材料有塑料和金属材质两种,暗装底盒外观比较粗糙。明装底盒外形美观,一般由塑料注塑。

地面安装底盒比墙面安装底盒大,为长100 mm、宽100 mm的正方形盒子,深度为55 mm(或65 mm),设置有2个M4螺孔,孔距为84 mm,一般只有暗装底盒,由金属材质一次冲压成型,表面电镀处理。面板一般由黄铜材料制成,常见有方形和圆形面板两种,方形的长为120 mm,宽120 mm。

(5)图纸设计

综合布线系统工作区信息点的图纸设计是综合布线系统设计的基础工作,直接影响工程造价和施工难度,大型工程也直接影响工期,因此工作区子系统信息点的设计工作非常重要。

在一般综合布线工程设计中,不会单独设计工作区信息点布局图,而是综合在网络系统图纸中。

 友情提示

初步设计中要正确统计出工作区的面积,信息点的配置和信息点点数的统计,为后面的概算打下基础。

【做一做】

（1）请针对学校的一幢大楼,归纳出综合布线的初步设计方案。

（2）如果要对一幢楼进行综合布线,请简述设计工作区子系统的一般步骤。

任务三　掌握工作区子系统的设计方法

任务描述

◆通过本任务的实训操作,掌握各种类型办公室信息点的设计方法。

任务分析

要完成工作区子系统的设计任务,首先要熟悉各类办公室信息点的原则和要点。

任务实施

实训一　独立单人办公室信息点设计

设计独立单人办公室信息点布局,单人办公时信息插座可以设计安装在墙面或地面两种,布局如图5.3所示。

图 5.3　单人办公室信息点设计图

说明:

①设计单人办公室信息点时必须考虑有数据点和语音点。

②当办公桌设计靠墙摆放时,信息插座安装在墙面,中心垂直距地 300 mm。当办公桌

摆放在中间时,信息插座使用地弹式地面插座,安装在地面。

③办公室内安装设备有计算机、传真、打印机等。

实训二　独立多人办公室信息点设计

设计独立多人办公室信息点布局,信息插座可以设计安装在墙面或地面两种,布局如图5.4所示。

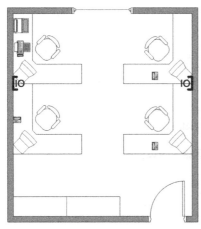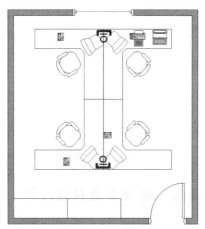

图 5.4　多人办公室信息点设计图

说明:

①设计多人办公室信息点时必须考虑多个数据点和语音点。

②当办公桌设计靠墙摆放时,信息插座安装在墙面,中心垂直距地 300 mm。当办公桌摆放在中间时,信息插座使用地弹式地面插座,安装在地面。

实训三　集中办公区信息点设计

设计集中办公区信息点布局时,必须考虑空间的利用率和便于办公人员工作,进行合理的设计,信息插座根据工位的摆放设计安装在墙面和地面,布局如图5.5所示。

说明:

①该集体办公环境面积为 60 m²,可供 17 人办公。

②设计 34 个信息点,其中 17 个数据点,17 个语音点。每个信息插座上包括 1 个数据、1个语音。

③每个点铺设 1 根 4-UTP 超 5 类网线,数据和语音共用一根超 5 类网线。

④墙面的 9 个信息插座安装高度中心垂直距地 300 mm。中间 8 个信息点使用地埋式插座安装在地面。

⑤所有信息插座使用双口面板安装。

⑥所有布线使用 PVC 管暗埋铺设。

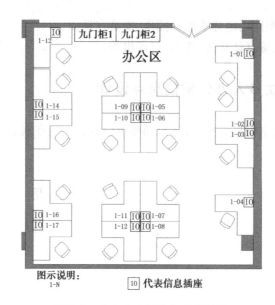

图示说明:
1-N

⬜ 代表信息插座

图 5.5　集中办公区信息点设计图

实训四　会议室信息点设计

一般设计会议室的信息点时,在会议讲台处至少设计 1 个信息点,便于设备的连接和使用。在会议室墙面的四周也可以考虑一些信息点,如图 5.6 所示。

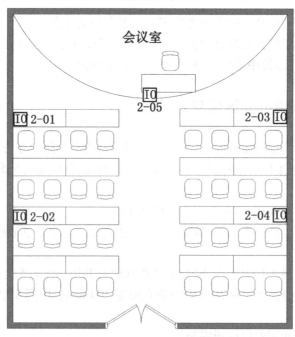

图 5.6　会议室信息点设计图

实训五 学生宿舍信息点设计

随着高校信息化建设的发展,学生宿舍也开始配备信息接口,以满足学生的需要。这样在设计学生公寓建设时,就要考虑信息点的布局。如果学校学生公寓每个房间供4人住宿,每个房间设计4个网络信息点。同时为了便于信息点的开通和今后的维护,必须对房间编号和线缆编号,如图5.7所示。信息点的编号一般是根据房间的编号编制的,编号原则为:房间号-线号,例如:101房间101-1、101-2、101-3、101-4等。

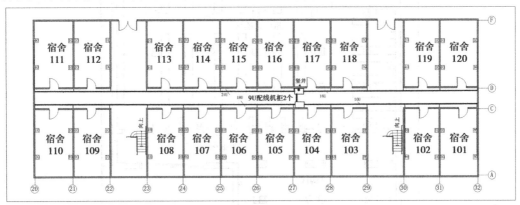

图5.7 某高校学生公寓网络信息点设计图

同时根据学校对生员住宿的规划,以及房间家具的摆放,合理地设计信息插座位置。一般高校学生宿舍床铺的下部分为学习、生活区,安装有课桌和衣柜等,上面为床铺。这样就要根据床和课桌的位置安装信息插座,如图5.7所示。

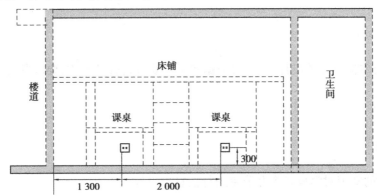

图5.8 某高校学生宿舍信息插座位置设计

 实训六 超市信息点设计

一般在大型超市的综合布线设计中,主要信息点集中在收银区和管理区域,选购区域设置很少的信息点,如图5.9所示。如果不能确定其用途和布局时,可以在建筑物的墙面和柱子上设置一定数量的信息插座,以便今后的使用。收银区地面插座必须安装具有防水、抗压、防尘的 120 系列铜质地弹插座,墙面安装 86 系列塑料面板插座,信息插座安装高度中心垂直距地 300 mm。

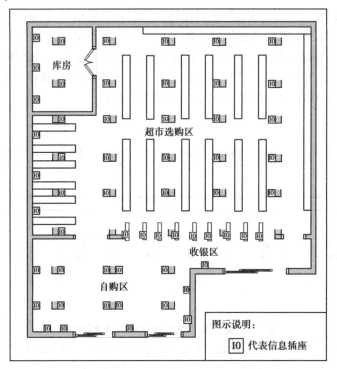

图 5.9 某超市网络信息点的设计

 友情提示

　　对办公室信息点的设计,我们要根据实际需要进行合理安排,要求既要美观,又要有冗余。

 【做一做】

根据所学的知识对学校各个办公室进行信息点设计。

任务四　掌握工作区子系统的设备安装

任务描述

◆通过本任务的实训,掌握工作区子系统的设计方法,能够确定信息点安装位置,掌握底盒、模块、面板的安装方法和要领。

任务分析

对于工作区子系统的设计安装,必须熟悉工作区子系统的设计思路。

任务实施

1. 标准要求

《综合布线系统工程设计规范》(GB 50311—2007)国家标准安装工艺要求内容中,对工作区的安装工艺提出了具体要求。安装在地面上的接线盒应防水和抗压,安装在墙面或柱子上的信息插座底盒、多用户信息插座盒及集合点配线箱体的底部离地面的高度宜为300 mm。每一个工作区至少应配置一个 220 V 的交流电源插座,电源插座应选用带保护接地的单相电源插座,保护接地与零线应严格分开。

2. 信息点安装位置

教学楼、学生公寓、实验楼、住宅楼等不需要进行二次区域分割的工作区,信息点宜设计在非承重的隔墙上,宜在设备使用位置或者附近。

写字楼、商业、大厅等需要进行二次分割和装修的区域,宜在四周墙面设置,也可以在中间的立柱上设置,要考虑二次隔断和装修时扩展方便性和美观性。大厅、展厅、商业收银区在设备安装区域的地面宜设置足够的信息点插座。墙面插座底盒下缘距离地面高度为300 mm,地面插座底盒低于地面。

学生公寓等信息点密集的隔墙,宜在隔墙两面对称设置。

银行营业大厅的对公区、对私区和 ATM 自助区信息点的设置要考虑隐蔽性和安全性。特别是离行式 ATM 机的信息点插座不能暴露在客户区。

指纹考勤机、门警系统信息点插座的高度宜参考设备的安装高度设置。

3. 底盒安装

网络信息点插座底盒按照材料组成一般分为金属底盒和塑料底盒;按照安装方式一般分为暗装底盒和明装塑料;按照配套面板规格分为 86 系列和 120 系列。

一般墙面安装 86 系列面板时,配套的底盒有明装和暗装两种。明装底盒经常在改扩建

85

工程墙面明装方式布线时使用,一般为白色塑料盒,外形美观,表面光滑,外形尺寸比面板稍小一些,为长 84 mm,宽 84 mm,深 36 mm,底板上有 2 个直径 6 mm 的安装孔,用于将底座固定在墙面,正面有 2 个 M4 螺孔,用于固定面板,侧面预留有上下进线孔,如图 5.10(a)所示。

暗装底盒一般在新建项目和装饰工程中使用,暗装底盒常见的有金属和塑料两种。塑料底盒一般为白色,一次注塑成型,表面比较粗糙,外形尺寸比面板小一些,常见尺寸为长 80 mm,宽 80 mm,深 50 mm,5 面都预留有进出线孔,方面进出线,底板上有 2 个安装孔,用于将底座固定在墙面,正面有 2 个 M4 螺孔,用于固定面板,如图 5.10(b)所示。

金属底盒一般一次冲压成型,表面都进行电镀处理,避免生锈,尺寸与塑料底盒基本相同,如图 5.10(c)所示。

(a)明装底盒　　　　　　(b)暗装塑料底盒　　　　　　(c)暗装金属底盒

图 5.10　底盒

暗装底盒只能安装在墙面或者装饰隔断内,安装面板后就隐蔽起来了。施工中不允许把暗装底盒明装在墙面上。

暗装塑料底盒一般在土建工程施工时安装,直接与穿线管端头连接固定在建筑物墙内或者立柱内,外沿低于墙面 10 mm,中心距离地面高度为 300 mm 或者按照施工图纸规定高度安装。底盒安装好以后,必须用钉子或者水泥砂浆固定在墙内,如图 5.11 所示。

图 5.11　墙面暗装底盒

需要在地面安装网络插座时,盖板必须具有防水、抗压和防尘功能,一般选用 120 系列金属面板,配套的底盒宜选用金属底盒,一般金属底盒比较大,常见规格为长 100 mm,宽 100 mm,中间有 2 个固定面板的螺丝孔,5 个面都预留有进出线孔,方面进出线,如图 5.12 所示。地面金属底盒安装后一般应低于地面 10 ~ 20 mm,注意这里的地面是指装修后的地面。

在扩建改建和装饰工程安装网络面板时,为了美观一般宜采取暗装底盒,必要时要在墙面或者地面进行开槽安装,如图 5.13 所示。

图5.12　地面暗装底盒、信息插座

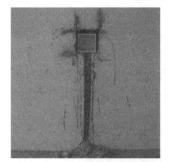

图5.13　装修墙面暗装底盒

图5.14　装修墙面明装底盒

各种底盒安装时,一般按照下列步骤:

第一步:目视检查产品的外观合格。

特别检查底盒上的螺丝孔必须正常,如果其中有一个螺丝孔损坏时坚决不能使用。

第二步:取掉底盒挡板。

根据进出线方向和位置,取掉底盒预设孔中的挡板。

第三步:固定底盒。

明装底盒按照设计要求用膨胀螺丝直接固定在墙面,如图5.14所示。暗装底盒首先使用专门的管接头把线管和底盒连接起来。这种专用接头的管口有圆弧,既方便穿线,又能保护线缆不会划伤或者损坏。然后用膨胀螺丝或者水泥砂浆固定底盒。

第四步:成品保护。

暗装底盒一般在土建过程中进行,因此在底盒安装完毕后,必须进行成品保护,特别是安装螺丝孔,防止水泥砂浆灌入螺孔或者穿线管内。一般做法是在底盒螺丝孔和管口塞纸团,也有用胶带纸保护螺孔的做法。

4. 模块安装

网络数据模块和电话语音模块的安装方法基本相同,一般安装顺序如下:

准备材料和工具→清理和标记→剪掉多余线头→剥线→压线→压防尘盖

模块安装时,一般按照下列步骤:

(1)准备材料和工具。这主要包括网络数据模块、电话语音模块、标记材料、剪线工具、压线工具、工作小凳等。半天施工需要的全部材料和工具装入一个工具箱(包)内,随时携带,不要在施工现场随地乱放。

(2)清理和标记。清理和标记非常重要,在实际工程施工中,一般底盒安装和穿线较长时间后,才能开始安装模块,因此安装前首先清理底盒内堆积的水泥砂浆或者垃圾,然后将双绞线从底盒内轻轻地取出,清理表面的灰尘再重新作编号标记,标记位置距离管口 60～80 mm,注意作好新标记后才能取消原来的标记。

(3)剪掉多余线头。剪掉多余线头是必需的,因为在穿线施工中双绞线的端头进行了捆扎或者缠绕,管口预留也比较长,双绞线的内部结构可能已经破坏,一般在安装模块前都要剪掉多余部分的长度,留出 100～120 mm 长度用于压接模块或者检修。

(4)剥线。首先使用专业剥线器剥掉双绞线的外皮,剥掉双绞线外皮的长度为 15 mm,特别注意不要损伤线芯和线芯绝缘层。

(5)压线。剥线完成后按照模块结构将 8 芯线分开,逐一压接在模块中。压接方法必须正确,一次压接成功。

(6)装好防尘盖。模块压接完成后,将模块卡接在面板中,然后立即安装面板。如果压接模块后不能及时安装面板时,必须对模块进行保护,一般做法是在模块上套一个塑料袋,避免土建墙面施工污染。

安装模块过程如图 5.15 所示。

图 5.15　做好线标和压接好模块的土建暗装底盒

明装底盒和安装模块如图 5.16 所示。

图 5.16　压接好模块的墙面明装底盒

5.面板安装

　　面板安装是信息插座的最后一个工序,一般应该在端接模块后立即进行,保护模块。安装时将模块卡接到面板接口中。如果双口面板上有网络和电话插口标记时,按照标记口位置安装。如果双口面板上没有标记时,宜将网络模块安装在左边,电话模块安装在右边,并且在面板表面做好标记。

友情提示

　　操作中,要对布线系统中各类操作工具的操作要领、操作步骤进行熟练掌握。

【做一做】

　　动手操作:完成子系统中信息点的确定,并能够对底盒、面板和模块进行安装。

任务五　完成工作区子系统的工程技术实训

任务描述

　　◆通过本任务的两个实训,掌握工作区点数统计表的制作方法,熟练完成网络插座的安装。

任务分析

　　完成下列的各项实训,要具备工作区子系统设计的知识。

任务实施

 ## 实训一　工作区点数统计表制作实训

1.实训目的

　　(1)通过工作区信息点数量统计表项目实训,掌握各种工作区信息点位置和数量的设计要点和统计方法。
　　(2)熟练掌握信息点数统计表的设计和应用方法。
　　(3)掌握项目概算方法。

89

（4）训练工程数据表格的制作方法和能力。

2. 实训要求

（1）完成一个多功能智能化建筑网络综合布线系统工程信息点的设计。

（2）使用 Microsoft Excel 工作表软件完成点数统计表。

（3）完成工程概算。

实训模型一：

一栋 18 层的建筑物可能会有这些用途：-2 层为空调机组等设备安装层，-1 层为停车场，1~2 层为商场，3~4 层为餐厅，5~10 层为写字楼，11~18 层为宾馆。

给出可以进行点数统计表的必要条件，注意设置一些变化原因。

实训模型二：

一栋 7 层研究大楼给出可以进行点数统计表的必要条件，注意设置一些变化原因。

实训模型三：

学生比较熟悉的教学楼或者宿舍楼。

3. 实训步骤

第一步：分析项目用途，归类，例如：教学楼、宿舍楼、办公楼等。

第二步：工作区分类和编号。

第三步：制作点数统计表。

第四步：填写点数统计表。

第五步：工程概算。

4. 实训报告要求

（1）完成信息点命名和编号。

（2）掌握点数统计表制作方法，计算出全部信息点的数量和规格。

（3）完成工程概算。

（4）基本掌握 Microsoft Excel 工作表软件在工程技术中的应用。

（5）实训经验和方法。

 实训二　网络插座的安装实训

1. 实训目的

（1）通过设计工作区信息点的位置和数量，熟练掌握工作区子系统的设计和点数统计表。

（2）通过信息点插座的安装，熟练掌握工作区信息点的施工方法。

（3）通过核算、列表、领取材料和工具，训练规范施工的能力。

2. 实训要求

（1）设计一种多人办公室信息点的位置和数量，并且绘制施工图。

（2）按照设计图，核算实训材料规格和数量，掌握工程材料核算方法，列出材料清单。

（3）按照设计图，准备实训工具，列出实训工具清单。

（4）独立领取实训材料和工具。

（5）独立完成工作区信息点的安装。

3. 实训材料和工具

（1）86 系列明装塑料底盒和螺丝若干。

（2）单口面板、双口面板和螺丝若干。

（3）RJ45 网络模块 + RJ11 电话模块若干。

（4）网络双绞线若干。

（5）十字头螺丝刀，长度 150 mm，用于固定螺丝，一般每人 1 个。

（6）压线钳，用于压接 RJ45 网络模块和电话模块，一般每人 1 个。

4. 实训设备

网络综合布线实训装置 1 套，产品型号：KYSYZ-12-12，如图 5.17 所示。

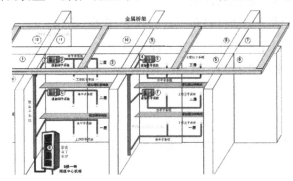

图 5.17 网络综合布线实训装置

该实训设备由全钢的 12 个模块组成"丰"字形结构，构成 12 个角区域，模拟 12 个工作区，能够满足 12 组学生同时进行 12 个工作区子系统的实训。实训设备上预制有螺丝孔，无尘操作，能够进行万次以上的实训。

5. 实训步骤

第一步：设计工作区子系统。

3~4 人组成一个项目组，选举项目负责人，每人设计一种工作区子系统，并且绘制施工图，集体讨论后由项目负责人指定一种设计方案进行实训。

第二步：列出材料清单和领取材料。按照设计图，完成材料清单并且领取材料。

第三步：列出工具清单和领取工具。根据实训需要，完成工具清单并且领取工具。

第四步：安装底盒。按照设计图纸规定位置用 M6×16 螺丝把底盒固定在实训装置的墙面上。

第五步：穿线和端接模块。

第六步：安装面板。

第七步：标记。

完成以上步骤如图 5.18 所示。

图 5.18　网络插座的安装

6. 实训报告要求

（1）完成一个工作区子系统设计图。

（2）以表格形式写清楚实训材料和工具的数量、规格、用途。

（3）分步陈述实训程序或步骤以及安装注意事项。

（4）写出实训体会和操作技巧。

【做一做】

根据以上两个实训项目，学生分成小组完成，并总结归纳，写出实训报告。

任务六　总结工程经验

任务描述

◆通过项目实训和动手操作，掌握布线工程中的各种经验。

任务分析

学习本任务，在实际工作中注意总结和归纳工程经验。

任务实施

工程经验一　模块和面板安装时间

在工作区子系统模块、面板安装后,遇到过破坏和丢失的情况,究其原因是我们在建筑土建还没有进行室内粉刷就先将模块、面板安装到位了。而土建在粉刷的时候有可能将面板破坏或取走。所以在安装模块和面板时一定要等土建将建筑物内部墙面粉刷结束后,再安排施工人员到现场进行信息模块的安装。

工程经验二　准备长螺丝

安装面板的时候,由于土建工程中埋设底盒的深度不一致,面板上配的螺丝长度有时就太短了,需要另外购买一些长一点的螺丝。一般配50 mm长的螺丝就可以了。

工程经验三　轻松安装

在安装信息点数量比较多、安装位置统一的情况下,如学院后勤区学生公寓内安装信息插座。一个房间安装4个信息插座,每个插座上有数据点和语音点,同时由于信息插座安装位置比较低,我们的施工人员需要长时间地蹲下工作,需要携带小马扎,这样可以减轻工程师的体力损耗,加快工作效率。

工程经验四　携带工具

我们在施工过程中经常会遇到少带工具的情况,所以在安装信息插座时,根据不同的情况,需要携带配套的使用工具。在新建建筑物中施工:

(1)安装模块时,需要携带的材料有:信息模块、标签纸、签字笔或钢笔、透明胶带或专用编号线圈。工具有:斜口钳、剥线器、打线钳。

(2)安装面板时,需要携带的材料有:面板、标签。工具有:十字口螺丝刀。

在已建成的建筑物中施工时,信息插座的底盒、模块和面板是同时安装的,需要携带的材料有:明装底盒、信息模块、面板、标签纸、签字笔或钢笔、透明胶带或专用编号线圈、木楔子。工具有:电锤、钻头、斜口钳、十字口螺丝刀、剥线器、RJ45压线钳、打线钳。

工程经验五　标签

以前在安装模块和面板时,有时就忽略了在面板上贴标签,给以后开通网络造成麻烦,所以在完成信息插座安装后,在面板上一定要进行标签标志,内外必须一致。便于以后的开通使用和维护。

工程经验六　成品保护

暗装底盒一般由土建在建设中安装,因此在底盒安装完毕后,必须进行保护,防止水泥砂浆灌入穿线管内,同时对安装螺丝孔也要进行保护,避免破坏。一般是在底盒内塞纸团,也有用胶带纸保护螺孔的做法。

模块压接完成后,将模块卡接在面板中,然后立即安装面板。如果压接模块后不能及时安装面板时,必须对模块进行保护,一般做法是在模块上套一个塑料袋,避免土建在墙面施工时对模块的污染和损坏。

【自我评价表】

任务名称	目 标		完成情况			自我评价
			未完成	基本完成	完成	
工作区子系统的基本概念	知识目标	了解工作区的定义，工作区划分的原则				
		掌握工作区适配器的选用原则				
	技能目标	掌握工作区设计的要点				
		掌握信息插座连接技术				
	情感目标	培养学生理解思考的能力				
		培养学生团结协作的能力				
工作区子系统的设计原则	知识目标	了解工作区子系统设计的步骤				
		能够阅读建筑物图纸和工作区编号				
	技能目标	能够根据初步设计工作区系统方案完成正式设计				
		能进行需求分析和技术交流				
	情感目标	培养学生善于思考的能力				
		培养学生分析辨别的能力				
工作区子系统的设计实例	知识目标	撰写工作区子系统的设计方案				
		了解工作区子系统的设计标准要求				
	技能目标	完成各种类型办公室信息点的设计				
		完成工作区子系统设备的安装				
	情感目标	培养学生刻苦耐劳的精神				
		培养学生团结协作的能力				
工作区子系统的设备安装	知识目标	了解工作区子系统设计的方法				
		掌握确定信息点安装位置				
	技能目标	完成底盒、模块的安装方法				
		完成底盒、模块、面板的安装方法和要领				
	情感目标	培养学生观察辨别的能力				
		培养学生仔细、耐心的能力				

续表

任务名称	目　标		完成情况			自我评价
			未完成	基本完成	完成	
工作区子系统的工程技术实训	知识目标	了解信息点数统计表的设计和应用方法				
		掌握工作区子系统的设计和点数统计表的制作				
	技能目标	完成网络插座的安装				
		完成网络模块的安装				
	情感目标	培养学生团结互助的精神				
		培养学生勤于思考的精神				
（1）请同学们根据自己达到的水平在对应的"未完成""基本完成""完成"格中打√。 （2）请同学们在"自我评价"栏中对任务完成情况进行自我评价。						

水平子系统

【项目描述】

在综合布线结构中,水平子系统将垂直子系统线路延伸到用户工作区,完成信息插座和管理间子系统的连接,包括工作区与楼层配线间的所有电缆、连接硬件(信息插座、插头、端接水平传输介质的配线架、跳线架等)、跳线线缆及附件都通过水平子系统进行连接,如图6.1所示。

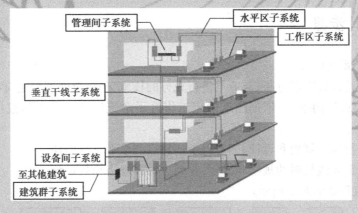

图 6.1

学习完本项目后,你将能够:

◆认识综合布线系统中水平子系统的结构和特征

◆根据建筑物图纸规划和设计水平子系统,制作工程图纸

◆测算和选择布线材料及工具,编制材料概算和统计表

◆完成水平子系统线缆的敷设和桥架的安装

任务一 设计水平子系统

任务描述

◆通过本任务的学习,我们将深入了解综合布线系统中水平子系统的结构特点,并根据施工环境的实际情况和客户要求进行规划、设计,确定水平布线路径以及布线材料规格和数量,完成施工图纸的制作。

任务分析

本任务主要涉及水平子系统设计,是工程施工前期的重要环节,因此我们将模拟实际设计过程,通过阅读客户资料,了解客户需求和相应工程标准,据此形成工程的施工规划并绘制出工程施工设计图。任务实施过程中将采用模拟分析、模拟计算和图纸制作的学习方法。

相关知识

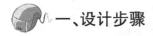

一、设计步骤

设计水平子系统的步骤:

(1)首先进行设计需求分析,与业主进行充分的技术交流,全面了解建筑物用途,并且要认真阅读建筑物设计图纸,并依据图纸确定工作区子系统信息点位置和数量,完成点数统计表。

(2)其次进行初步规划和设计,确定每个信息点的水平布线路径。

(3)最后确定布线材料的规格和数量,并列出材料规格和数量统计表。

一般工作流程如图6.2所示。

图6.2 工作流程图

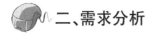

二、需求分析

在进行水平子系统的设计时,需求分析首先按照楼层进行分析,分析每个楼层的设备间到信息点的布线距离、布线路径,逐步明确和确认每个工作区信息点的布线距离和路径。

三、技术交流

需求分析完成后,有必要与用户进行技术交流,如图 6.3 所示。

每个信息点路径上的电路、水路、气路和电器设备的安装位置等详细信息要重点了解,同时必须进行详细的记录,每次交流结束后要及时整理记录,进行存档以便后期工程使用。

图6.3 与用户交流图

四、阅读建筑物图纸

认真阅读建筑物图纸,如图 6.4 所示,掌握建筑物的土建结构、强、弱电路径,特别是主要电器设备和电源插座的安装位置,重点掌握在综合布线路径上的电器设备、电源插座、暗埋管线等。

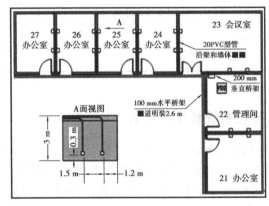

图6.4 建筑图纸

阅读图纸时,应该进行记录或者标记,预先对水平子系统布线与电路、水路、气路和电器设备的直接交叉或者路径冲突的问题有所处理。

 知识窗

水平子系统的设计原则有:
①性价比最高原则;②预埋管原则;③水平缆线最短原则;④水平缆线最长原则;⑤避让强电原则;⑥地面无障碍原则。

五、水平子系统的规划和设计

1.水平子系统缆线的布线距离规定

在 GB 50311—2007 国家标准的规定中,对于水平子系统中缆线的长度作了统一规定,配线子系统各缆线长度应符合表6.1 的规定。

表6.1　配线子系统缆线的长度

类　别	缆线长度	说　明
信道	长度不大于2 000 m	综合布线系统水平缆线和建筑物主干缆线及建筑群主干三部分缆线之和
配线子系统信道	长度不大于100 m	
工作区设备连接跳线	长度不大于5 m	
设备间(电信间)跳线	长度不大于5 m	
建筑物(建筑群)配线设备之间组成的信道	长度不小于15 m	之间出现4 个连接器件

2.开放型办公室布线系统长度的计算

商用建筑物或公共区域大开间的办公楼、综合楼等的场地,可根据开放办公室综合布线系统要求进行设计,并应符合下列规定:如果是使用多用户信息插座,则在确保每一个插座包括适当的备用量在内,最好能支持12 个工作区所需的8 位模块通用插座;各段缆线长度可按表6.2 选用。

表6.2　各段缆线长度限值

电缆总长度/m	水平布线电缆 H/m	工作区电缆 W/m	电信间跳线和设备电缆 D/m
100	90	5	5
99	85	9	5
98	80	13	5
97	25	17	5
97	70	22	5

知识窗

开放型办公室布线系统长度的计算也可按以下方法进行：
工作区电缆、电信间跳线和设备电缆的长度之和 =（102 - 水平电缆的长度）÷1.2
工作区电缆的最大长度 = 工作区电缆、电信间跳线和设备电缆的长度之和 - 5
（工作区电缆的最大长度 ≤22 m）

3.管道缆线的布放条数

常规通用线槽内布放缆线的最大条数表可以按照表6.3、表6.4进行选择。

表6.3　线槽规格型号与容纳双绞线最多条数表

线槽/桥架类型	线槽（桥架规格）/mm × mm	容纳双绞线最多条数	截面利用率/%
PVC	20 × 12	2	30
PVC	25 × 12.5	4	30
PVC	30 × 16	7	30
PVC	39 × 19	12	30
金属、PVC	50 × 25	18	30
金属、PVC	60 × 30	23	30
金属、PVC	75 × 50	40	30
金属、PVC	80 × 50	50	30
金属、PVC	100 × 50	60	30
金属、PVC	100 × 80	80	30
金属、PVC	150 × 75	100	30
金属、PVC	200 × 100	150	30

表6.4　线管规格型号与容纳的双绞线最多条数表

线管类型	线管规格/mm	容纳双绞线最多条数	截面利用率/%
PVC、金属	16	2	30
PVC	20	3	30
PVC、金属	25	5	30
PVC、金属	32	7	30
PVC	40	11	30
PVC、金属	50	15	30
PVC、金属	63	23	30
PVC	80	30	30
PVC	100	40	30

常规通用线槽（管）内布放线缆的最大条数也可按照表6.5进行计算和选择。

表6.5　线槽(管)内布放线缆的最大条数计算公式

计算类型	计算方法	说　明
线缆截面积	线缆截面积÷双绞线条数 截面积 = (半径^2 × 圆周率3.14)	网络双绞线有 4 对、25 对、50 对(按照线芯数量分类)等多种规格,实际工程中最常见和应用最多的是 4 对双绞线
线管截面积	线管截面积÷双绞线条数 截面积 = (半径^2 × 圆周率3.14)	线管规格一般用线管的外径表示,而线管内布线容积截面积应该按照线管的内直径计算
线槽截面积	线管截面积÷双绞线根数 截面积 = (半径^2 × 圆周率3.14)	线槽规格一般用线槽的外部长度、宽度表示,线槽内布线容积截面积计算按照线槽的内部长度和宽度计算
容纳双绞线最多数量	槽(管)截面积 × 70% × (40% ~ 50%)÷ 线缆截面积 截面积 = (半径^2 × 圆周率3.14)	布线标准规定,一般线槽(管)内允许穿线的最大面积为70%,同时考虑线缆之间的间隙和拐弯等因素,考虑浪费空间40% ~ 50%

 知识窗

　　新修建筑物应优先考虑在建筑物梁和立柱中预埋穿线管,旧楼改造或者装修时考虑在墙面刻槽埋管或者墙面明装线槽。

　　为了保证水平缆线最短原则,一般把楼层管理间设置在信息点居中的房间,保证水平缆线最短。对于楼道长度超过100 m的楼层,或者信息点比较密集时,可以在同一层设置多个管理间,这样既能节约成本,又能降低施工难度。

　　按照GB 50311国家标准规定,铜缆双绞线电缆的信道长度不超过100 m,水平缆线长度一般不超过90 m。因此在前期设计时,水平缆线最长不宜超过90 m。

　　一般尽量避免水平缆线与36 V以上强电供电线路平行走线。在工程设计和施工中,一般原则为网络布线避让强电布线。

　　在设计和施工中,必须坚持地面无障碍原则。一般考虑在吊顶上布线,楼板和墙面预埋布线等。对于管理间和设备间等需要大量地面布线的场合,可以增加抗静电地板,在地板下布线。

　　例6.1　30 × 16 线槽容纳双绞线最多数量计算如下:

容纳双绞线最多数量 = 线槽截面积 × 70% × 50% ÷ 线缆截面积

$= (28 × 14) × 70\% × 50\% ÷ (6^2 × 3.14/4)$

$= 392 × 70\% × 50\% ÷ 28.26$

= 10 条

故容纳双胶线最多为10条。

说明:上述计算的是使用 30×16PVC 线槽铺设网线时,槽内容纳网线的数量。计算时需要减去线槽的厚度。

例6.2 直径40 PVC 线管容纳双绞线最多数量计算如下:

容纳双绞线最多数量 = 线管截面积 × 70% × 40% ÷ 线缆截面积

$$= (36.6 \times 36.6 \times 3.14 \div 4) \times 70\% \times 40\% \div (6 \times 6 \times 3.14 \div 4)$$

$$= 1\ 051.56 \times 70\% \times 40\% \div 28.26$$

$$= 10.4\ 条$$

故容纳双胶线最多为 10 条。

说明:上述计算的是使用直径40PVC 线管铺设网线时,管内容纳网线的数量。

4. 布线弯曲半径要求

工程设计中,管线敷设允许的弯曲半径参考表6.6。

表6.6 管线敷设允许的弯曲半径

缆线类型	弯曲半径
4 对非屏蔽电缆	不小于电缆外径的 4 倍
4 对屏蔽电缆	不小于电缆外径的 8 倍
大对数主干电缆	不小于电缆外径的 10 倍
2 芯或 4 芯室内光缆	>25 mm
其他芯数和主干室内光缆	不小于缆线外径的 10 倍
室外光缆、电缆	不小于缆线外径的 20 倍

注意:当缆线采用电缆桥架布放时,桥架内侧的弯曲半径不应小于300 mm。

5. 网络缆线与电力电缆的间距

按 GB 50311—2007 国家标准规定的间距,应符合表6.7 的规定。

表6.7 综合布线电缆与电力电缆的间距

类 别	与综合布线接近状况	最小间距/mm
380 V 以下电力电缆 <2 kV·A	与缆线平行敷设	130
	有一方在接地的金属线槽或钢管中	70
	双方都在接地的金属线槽或钢管中	10
380 V 电力电缆 2~5 kV·A	与缆线平行敷设	300
	有一方在接地的金属线槽或钢管中	150
	双方都在接地的金属线槽或钢管中	80
380 V 电力电缆 >5 kV·A	与缆线平行敷设	600
	有一方在接地的金属线槽或钢管中	300
	双方都在接地的金属线槽或钢管中	150

注意:当380 V 电力电缆 <2 kV·A,双方都在接地的线槽中,且平行长度≤10 m 时,最小间距可为10 mm。

双方都在接地的线槽中,是指两个不同的线槽,也可在同一线槽中用金属板隔开。

6. 缆线与电器设备的间距

GB 50311—2007 国家标准规定的综合布线系统缆线与配电箱、变电室、电梯机房、空调机房之间的最小净距最好符合表 6.8 的规定。

表 6.8　综合布线缆线与电器设备的最小净距

名　　称	最小净距/m	名　　称	最小净距/m
配电箱	1	电梯机房	2
变电室	2	空调机房	2

当墙壁电缆敷设高度超过 6 000 mm 时，与避雷引下线的交叉间距应是交叉处避雷引下线距地面高度的 2%。

7. 缆线与其他管线的间距

墙上敷设的综合布线缆线及管线与其他管线的间距应符合表 6.9 的规定。

表 6.9　综合布线缆线及管线与其他管线的间距

其他管线	平行净距/mm	垂直交叉净距/mm	其他管线	平行净距/mm	垂直交叉净距/mm
避雷引下线	1 000	300	热力管（不包封）	500	500
保护地线	50	20	热力管（包封）	300	300
给水管	150	20	煤气管	300	20
压缩空气管	150	20			

8. 缆线的暗埋设计

布线路径在墙面暗埋管通常有两种做法：

● 从墙面插座向上垂直埋管至横梁，再从横梁内埋管至楼道本层墙面出口，如图 6.5、图 6.6 所示。

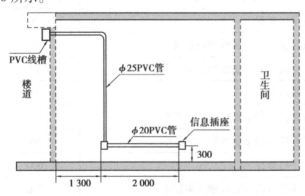

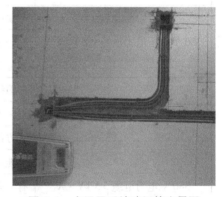

图 6.5　同层水平子系统暗埋管　　　　图 6.6　水平子系统暗埋管实景图

同一个墙面单（双）面插座较多时，水平插座之间以串联方式布管，如图 6.5 所示。沿墙面斜角布管在土建中是不允许的。

●从墙面插座向下垂直埋管至横梁，再从横梁内埋管到楼道下层墙面出口，如图6.7所示。

信息点比较密集的网络中心、运营商机房等区域，一般铺设抗静电地板，在地板下安装布线槽，水平布线到网络插座。

9.缆线的明装设计

旧式楼宇、在用建筑物改造或者增加网络布线系统时，一般采取明装布线技术。一些信息点比较密集的建筑物一般也采取隔墙暗埋管线，楼道明装线槽或者桥架的方式（工程上也叫"暗管明槽"方式）。

住宅楼增加网络布线的通常做法是，在每个单元的中间楼层安装机柜，然后沿墙面敷设PVC线管或者线槽到各户入户门上方的墙面固定插座，如图6.8所示。

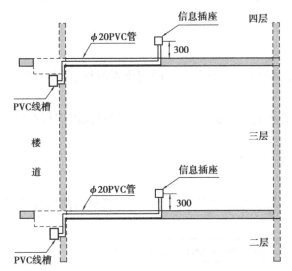

图6.7　不同层水平子系统暗埋管

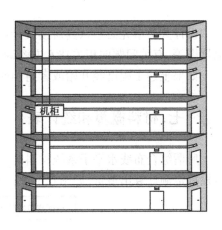

图6.8　住宅楼水平子系统铺设线槽

采取暗管明槽方式布线时，每个暗埋管在楼道的出口高度必须相同，这样暗管与明装线槽直接连接，布线方便、美观，如图6.9所示。

楼道采取金属桥架时，桥架应该紧靠墙面，高度低于墙面暗埋管口，直接将墙面多出来的缆线引入桥架，如图6.10所示。

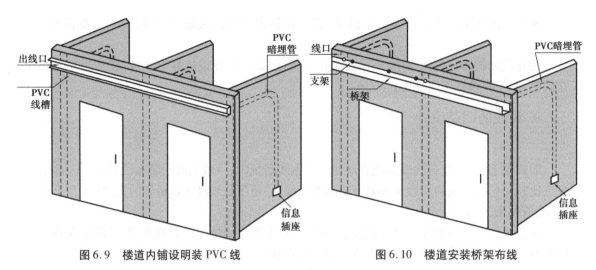

图6.9　楼道内铺设明装 PVC 线　　　　　图6.10　楼道安装桥架布线

 六、图纸设计

设计人员事先必须认真研读设计图纸,特别是与弱电有关的网络系统图、通信系统图、电器图等,有关问题向相关技术方咨询。

如果土建工程已经开始或者封顶时,必须到现场实际勘测,并且与设计图纸进行对比。

 七、材料概算和统计表

所谓综合布线水平子系统材料的概算,是指根据施工图纸计算施工材料的使用数量,然后根据定额计算出造价,如图 6.11 所示。

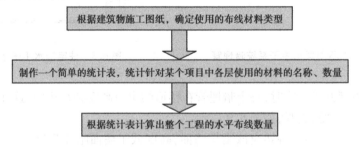

图6.11　水平布线材料统计流程

例6.3　某6层办公楼网络布线水平子系统施工,线槽明装铺设。水平布线主要材料有:线槽、线槽配件、线缆等,具体统计表如表6.10所示。

表6.10　6层网络信息点材料统计表

材料 \ 信息点	4-UTP 双绞线/m	PVC 线槽/m		20×10/个			60×22/个		
		20×10	60×22	阴角	阳角	直角	阴角	阳角	堵头
201-1	64	4	60	1	0	0	0	0	1
201-2	60	4	0	0	0	1	0	0	0
202-1	60	0	0	0	0	0	0	0	0
202-2	56	4	0	0	1	0	0	0	0
203	52	4	0	0	0	1	2	2	0
204	48	4	0	1	0	0	0	0	0
205	44	4	0	1	0	0	0	0	0
206-1	44	0	0	0	0	0	0	0	0
206-2	40	4	0	1	1	0	0	0	0
207	36	4	0	0	0	1	2	2	0
208	32	4	0	1	0	0	0	0	0
209	28	4	0	0	0	1	0	0	0
210	24	4	0	0	0	1	0	0	0
合计	588	44	60	5	2	5	4	4	1

根据上表逐个列出2~6层布线统计表,然后进行总计计算出整栋楼水平布线数量。

任务实施

 实训一　墙面暗埋管线施工图

图6.12所示为暗埋管线施工实训。

图6.12　暗埋管线施工

设计水平子系统的埋管图时,埋管的规格一定要根据设计信息点的数量进行确定,如图 6.13所示。每个房间安装2个信息插座,每侧墙面上安装2个信息插座。

设计的基本步骤如图6.14所示。

注意:预埋在墙体中间暗管的最大管外径不宜超过50 mm,楼板中暗管的最大管外径不宜超过25 mm,室外管道进入建筑物的最大管外径不宜超过100 mm。

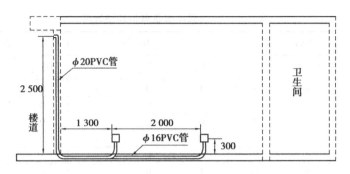

图 6.13　墙面暗埋管线施工图

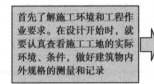 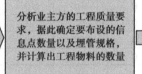

图 6.14　基本步骤

 实训二　墙面明装线槽施工图

　　水平子系统明装线槽安装时要保持线槽的水平,因此在前期设计时要确定统一的高度,如图 6.15 所示。

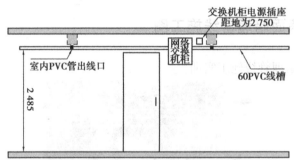

图 6.15　墙面明装线槽施工图

设计的基本步骤如图 6.16 所示。

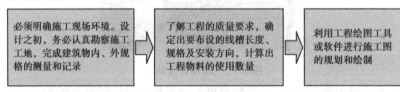

图 6.16　基本步骤

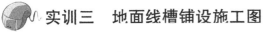

实训三　地面线槽铺设施工图

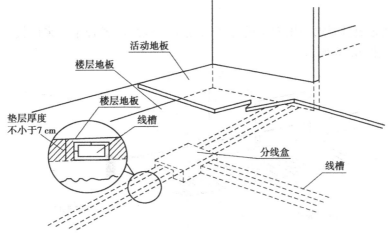

图 6.17　地面线槽铺设

地面线槽铺设是指从楼层管理间引出的线缆走地面线槽到地面出线盒或由分线盒引出的支管到墙上的信息出口,如图 6.17 所示。由于地面出线盒或分线盒不依赖于墙或柱体直接走地面垫层,因此这种布线方式适用于大开间或需要隔断的场合。

具体设计方法是:在地面垫层中打入长方形的线槽,每隔 4 ~ 8 m 设置一个过线盒或出线盒,直至信息出口的接线盒。分线盒与过线盒有两槽和三槽两类,均为正方形,每面可接两根或三根地面线槽,这样分线盒与过线盒能起到将 2 ~ 3 路分支线缆汇成一个主路的功能或起到 90° 转弯的功能。

地面线槽布线方式不适合于楼板较薄或楼板为石质地面或楼层中信息点特别多的场合。由于地面线槽布线方式的造价比吊顶内线槽布线方式要贵 3 ~ 5 倍,目前主要应用在资金充裕的金融业或高档会议室等建筑物中。在活动地板下敷设缆线时,地板内净空应为 150 ~ 300 mm。若空调采用下送风方式则地板内净高应为 300 ~ 500 mm。图 6.18 所示为地面线槽铺设效果图。

图 6.18　地面线槽铺设效果图

实训四　楼道桥架布线示意图

楼间距离较短且要求采用架空的方式布放干线线缆的场合主要采用楼道桥架布线方式,如图 6.19、图 6.20 所示。

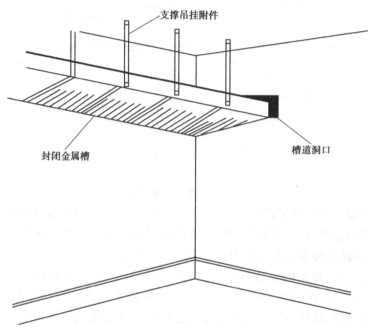

图 6.19　楼道桥架布线示意图

图 6.20　楼道桥架布线现场图

【做一做】

(1)简述水平子系统的设计原则。

(2)双绞线敷设施工的基本要求是什么？

(3)30×16线槽最多能容纳多少CAT5E双绞线？

(4)下列哪项不属于水平子系统的设计内容？（　　　）

　　A.布线路由设计　　　　　　B.管槽设计

　　C.设备安装、调试　　　　　　D.线缆类型选择、布线材料计算

(5)独立完成寝室水平干线子系统的设计方案,具体要求如下：

首先对某一栋楼某一楼层进行需求分析和现场勘查,确定线缆的路由；用CAD绘制出路由拓扑结构图；整个设计方案要有设计说明,特别说明线缆的敷设方式；求出整栋楼需要的线缆的箱数。

课外综合实训

于课外选择一处相对简单的建筑物,确定1~2层(4~6间)的房屋,设计一张包含有暗埋管线、明装线槽、楼道桥架的施工设计图纸。

任务二　水平子系统的工程技术

任务描述

◆本任务将解决综合布线水平子系统安装处理过程中的技术问题,如布线线缆的材料选择、容量计算以及绑扎和敷设的方法,线槽和桥架的安装、布线施工方法,最终完成水平子系统的安装。

任务分析

本任务主要涉及较多设备、设施的安装施工,是水平子系统工程的主体环节,因此我们将模拟实际施工过程,通过阅读、分析设计图纸,据此形成相应的施工方案并进行实际的施工实训。任务实施过程中将采用模拟分析、模拟计算和模拟安装的学习方法。

相关知识

一、水平子系统的标准要求

《综合布线系统工程设计规范》(GB 50311—2007)国家标准对水平子系统布线的安装工艺提出了具体要求。

111

水平子系统缆线应该采用在吊顶、墙体内穿管或设置金属密封线槽及开放式（电缆桥架、吊挂环等）敷设，当缆线在地面布设时，应根据环境条件选用地板下线槽、网络地板、高架（活动）地板布线等安装方式，如图6.21所示。

图6.21　水平子系统工程实景

二、水平子系统的布线距离的计算

在《综合布线系统工程设计规范》（GB 50311—2007）中规定，水平布线系统永久链路的长度不能超过90 m，一般情况下只有个别信息点的布线长度会接近这个最大长度，平均长度均在60 m左右。

确定电缆的长度的步骤及方法如图6.22所示。

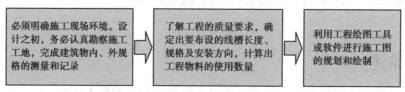

图6.22　确定电缆长度的步骤

要计算整座楼宇的水平布线用线量，首先要计算出每个楼层的用线量，然后对各楼层用线量进行汇总即可。每个楼层用线量的计算公式如下：

[0.55 ×（最远的信息插座离楼层管理间的距离 + 最近的信息插座离楼层管理间的距离）+ 6] × 每层楼的信息插座的数量

表示为
$$C = [0.55(F + N) + 6]M$$

式中　　C——每个楼层用线量；

　　　　F——最远的信息插座离楼层管理间的距离；

　　　　N——最近的信息插座离楼层管理间的距离；

　　　　M——每层楼的信息插座的数量；

　　　　6——端对容差。

例6.4　已知某一幢楼共有8层，每层信息点数为30个，每个楼层的最远信息插座离楼层管理间的距离均为60 m，每个楼层的最近信息插座离楼层管理间的距离均为10 m，请估算出整座楼宇的用线量。

解:根据题目要求知道:

楼层信息插座数 $M = 30$

最远点信息插座离管理间的距离 $F = 60$ m

最近点信息插座离管理间的距离 $N = 10$ m

因此,每层楼用线量 $C = [0.55 \times (60$ m $+ 10$ m$) + 6] \times 30 = 1\ 335$ m

整座楼共 8 层,因此整座楼的用线量 $S = 1\ 335$ m $\times 8 = 10\ 680$ m

图 6.23 拉线、穿线

 三、水平子系统的布线曲率半径

布线曲率半径直接影响永久链路的测试指标。如果布线曲率半径小于表 6.6 中所列的标准规定时,永久链路测试不合格,特别在 6 类布线系统中,曲率半径对测试指标影响非常大。在工程施工中,穿线和拉线时缆线拐弯曲率半径往往是最小的,一个不符合曲率半径的拐弯经常会破坏整段缆线的内部物理结构,甚至严重影响永久链路的传输性能,如图 6.23 所示。

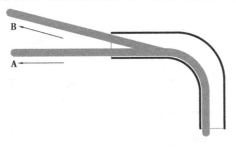

图 6.24 合理拉线

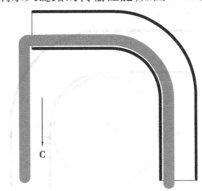

图 6.25 错误拉线

拉线过程中,缆线应与管中心线尽量相同,如图 6.24 所示,以现场允许的最小角度按照 A 方向或者 B 方向拉线,保证缆线没有拐弯,保持整段缆线的曲率半径比较大,这样不仅施工轻松,而且能够避免缆线护套和内部结构的破坏。同时不要使缆线在管口形成 90°弯折,如图 6.25 所示,这样不仅施工拉线困难费力,而且容易造成缆线护套和内部结构的破坏。

施工过程中,必须直接手持拉线,而不能用在手中或者工具上缠绕的方法拉线,也不能用钳子夹住中间缆线拉线,因为这样会导致曲率半径非常小,夹持部分结构变形,直接破坏缆线内部结构或者护套。

如果缆线距离很长或拐弯很多,手持拉线非常困难时,可以将缆线的端头捆扎在穿线器端头或铁丝上,用力拉穿线器或铁丝。缆线穿好后将受过捆扎部分的缆线剪掉。

穿线时,一般从信息点向楼道或楼层机柜穿线,一端拉线,另一端必须有专人放线和护线,保持缆线在管入口处的曲率半径比较大,避免缆线在入口或者箱内打折形成死结或者曲率半径很小。

四、水平子系统暗埋缆线的安装和施工

水平子系统暗埋缆线施工程序一般如图 6.26 所示。

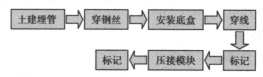

图 6.26　暗埋缆线施工程序图

墙内暗埋管一般使用直径 $\phi16$ 或直径 $\phi20$ 的穿线管,直径 $\phi16$ 管内最多穿 2 条网络双绞线,直径 $\phi20$ 管内最多穿 3 条网络双绞线。金属管一般使用专门的弯管器成型,拐弯半径比较大,能够满足双绞线对曲率半径的要求。线管截断时出现的毛刺必须清理干净,以确保截断端面的光滑。两根钢管对接时必须保持接口整齐,没有错位,焊接时不要焊透管壁,以免在管内形成焊渣,与毛刺、错口、垃圾一起都会影响穿线,甚至损伤缆线的护套或内部结构。墙内暗埋直径 $\phi16$、直径 $\phi20$PVC 塑料布线管时,要特别注意拐弯处的曲率半径。可用弯管器现场制作大拐弯的弯头连接,这样既保证了缆线的曲率半径,又方便轻松拉线,降低布线成本,保护线缆结构。

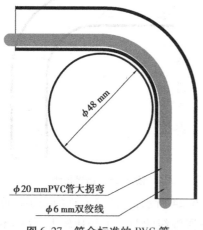

图 6.27　符合标准的 PVC 管

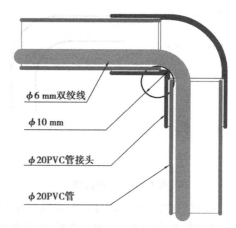

图 6.28　市场购买的 PVC 管

图 6.27 以在直径 20 mm 的 PVC 管内穿线为例进行计算和说明曲率半径的重要性。按照 GB 50311 国家标准的规定,非屏蔽双绞线的拐弯曲率半径不小于电缆外径的 4 倍。电缆外径按照 6 mm 计算,拐弯半径必须大于 24 mm。图 6.28 表示了市场购买的直径 $\phi20$ 电气穿线管弯头在拐弯处的曲率半径,拐弯半径只有 5 mm,只有 5/6 = 0.83 倍,远远低于标准规定的 4 倍。

知识窗

现场自制大拐弯接头时,必须选用质量较好的冷弯管和配套的弯管器。如果使用的冷弯管与弯管器不配套,管子容易变形,而使用热弯管也无法冷弯成型。用弯管器自制大拐弯的方法和步骤如下:

①准备冷弯管,确定弯曲位置和半径,作出弯曲位置标记。

②插入弯管器到需要弯曲的位置。如果弯曲较长时,给弯管器绑一根绳子,放到要弯曲的位置。

③弯管。两手抓紧放入弯管器的位置,用力弯曲。

④取出弯管器,安装弯头。

五、水平子系统明装线槽布线的施工

水平子系统明装线槽布线施工一般从安装信息点插座底盒开始,如图6.29所示,流程如图6.30所示。

墙面明装布线时多使用PVC线槽,拐弯处曲率半径容易保证,如图6.31所示。宽度为20 mm的PVC线槽中单根直径6 mm的双绞线缆线在线槽中最大弯曲情况和布线最大曲率半径值为45 mm(直径90 mm),布线弯曲半径与双绞线外径的最大倍数为45/6 = 7.5倍。

图6.29 水平子系统施工实训

安装线槽时,首先测量墙面并且标出线槽的位置,在建工程以1 m线为基准,保证水平安装的线槽与地面或楼板平行,垂直安装的线槽与地面或楼板垂直,没有可见的偏差。拐弯处可使用90°弯头或者三通,线槽端头安装专门的堵头。

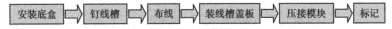

图6.30 流程图

线槽布线时,先将缆线布放到线槽中,边布线边合上盖板,在拐弯处保持缆线有比较大的拐弯半径。盖板安装后,不要再拉线,如果拉线力量过大会改变线槽拐弯处的缆线曲率半径。

安装线槽时,用水泥钉或者自攻丝把线槽固定在墙面上,固定距离为300 mm左右,必须保证长期牢固。两根线槽之间的接缝必须小于1 mm,盖板接缝须与线槽接缝错开。

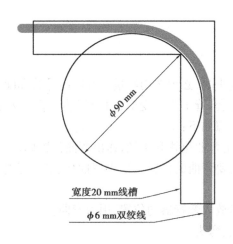

图 6.31　PVC 线槽曲率半径

六、水平子系统桥架布线施工

　　水平子系统桥架布线施工一般用在楼道或者吊顶上,如图 6.32 所示,程序如图 6.33 所示。

图 6.32　桥架布线施工

图 6.33　流程图

　　水平子系统在楼道墙面适合安装比较大的塑料线槽,例如宽度 60 mm、100 mm、150 mm 白色 PVC 塑料线槽,具体线槽高度必须按照需要容纳双绞线的数量来确定,选择常用的标准线槽规格。安装方法是首先根据各个房间信息点出线管口在楼道高度,确定楼道大线槽安装高度并画线,然后再按照每米 2~3 处将线槽固定在墙面,楼道线槽的高度宜遮盖墙面管出口,并且在线槽遮盖的管出口处开孔,如图 6.34 所示。如果各个信息点管出口在楼道高度偏差太大,可将线槽安装在管出口的下边,将双绞线通过弯头引入线槽,如图 6.35 所示。

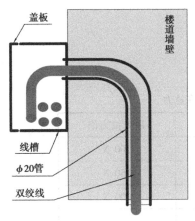

图 6.34　安装水平子系统(1)

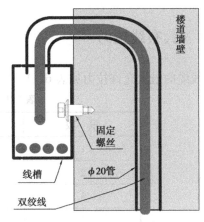

图 6.35　安装水平子系统(2)

　　固定好楼道全部线槽以后,然后在线槽中逐一放入各个管口的出线,边放边盖板,注意拐弯保持比较大的曲率半径。

　　在楼道墙面安装金属桥架时,首先根据各个房间信息点出线管口在楼道的高度,确定楼道桥架安装高度并且画线,其次先安装 L 型支架或者三角型支架,按照每米 2～3 个进行安装。支架安装完毕后,用螺栓将桥架固定在每个支架上,并且在桥架对应的管出口处开孔,如图 6.36 所示。

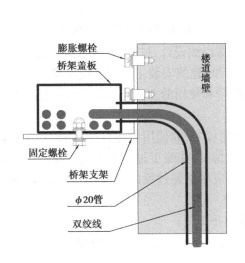

图 6.36　设置开孔

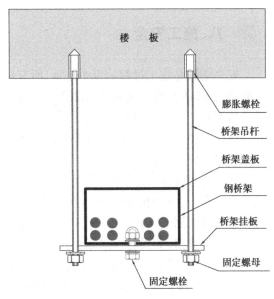

图 6.37　吊装桥架

　　如果各个信息点管出口在楼道高度偏差太大,也可以将桥架安装在管出口的下方,将双绞线通过弯头引入桥架。

　　在楼板吊装桥架时,首先确定桥架安装高度和位置,安装膨胀螺栓和吊杆,其次安装挂板和桥架,同时将桥架固定在挂板上,最后在桥架开孔和布线,如图 6.37 所示。

　　缆线引入桥架时,必须穿保护管,并且保持比较大的曲率半径。

117

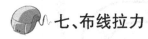

七、布线拉力

线缆的最大允许拉力见表6.11。

表6.11 线缆最大允许拉力

根 数	线对数	最大拉力值
1	4	100 N
2	4	150 N
3	4	200 N
⋮	4	⋮
N	4	$(N \times 5 + 50)$ N

 知识窗

N 根线电缆,拉力为 $(N \times 5 + 50)$ N;不管多少根线对电缆,最大拉力不能超过400 N。

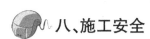

八、施工安全

安全施工是施工过程的重中之重,所有现场工作人员必须严格按照安全生产、文明施工的要求,积极推行施工现场的标准化管理,按施工要求组织设计,科学、合理地组织施工。全体人员必须严格执行《建筑安装工程安全技术规程》和《建筑安装工人安全技术操作规程》。使用电气设备、电动工具应有可靠保护接地,随身携带和使用的工具应搁置于顺手稳妥的地方,防发生事故伤人。

在综合布线施工过程中,使用电动工具的情况比较多,如使用电锤打过墙洞、开孔安装线槽等工作。在使用电锤前必须先检查一下工具的情况,在施工过程中不能用身体顶住电锤。在打过墙洞或开孔时,一定要先确定是否是梁,应尽量避过梁的位置,同时确定墙面内是否有其他线路,如强电线路等。

如图6.38所示,使用充电式电钻/起子的注意事项如下:

(1)电钻属于高速旋转工具(至少 600 r/min),必须谨慎使用,注意人身安全。

(2)禁止使用电钻在工作台、实验设备上打孔。

(3)禁止使用电钻玩耍或者开玩笑。

(4)首次使用电钻时,必须阅读说明书,并且在老师的指导下进行。

(5)装卸劈头或者钻头时,必须注意旋转方向开关。逆时针方向旋转卸钻头,顺时针方向旋转拧紧钻头或者劈头。将钻头装进卡盘时,请适当地旋紧套筒。如不将套筒旋紧的话,钻头将会滑动或脱落,从而引起人体受伤事故。

(6)请勿连续使用充电器。每充完一次电后,需等 15 min 左右让电池降低温度后再进

图 6.38

行第二次充电。每个电钻配有两块电池,一块使用,一块充电,轮流使用。

(7)电池充电不可超过 1 h。大约 1 h,电池即可完全充满。因此,应立即将充电器电源插头从交流电插座中拔出。观察充电器指示灯,红灯表示正在充电。

(8)切勿使电池短路。电池短路时,会造成很大的电流和过热,从而烧坏电池。

(9)在墙壁、地板或天花板上钻孔时,请检查这些地方,确认没有暗埋的电线和钢管等东西。

在使用高凳、梯子、人字梯、高架车等工程辅助工具前必须认真检查其是否牢固。梯外端应采取防滑措施,并不得垫高使用。在通道处使用梯子,应有人监护或设围栏。人字梯距梯脚 40 ~ 60 cm 处要设拉绳,施工中,不准站在梯子最上一层工作,且严禁在这上面放工具和材料。

当发生安全事故时,由安全员负责查原因,提出改进措施,上报项目经理,由项目经理与有关方面协商处理;发生重大安全事故时,公司应立即报告有关部门和业主,按政府有关规定处理,做到"四不放过",即事故原因不明不放过,事故不查清责任不放过,事故不吸取教训不放过,事故不采取措施不放过。安全生产领导小组负责现场施工技术安全的检查和督促工作,并做好记录。

任务实施

 ## 实训一 PVC 线管的布线工程技术实训

1.实训目的

(1)通过线管的安装和穿线等,熟练掌握水平子系统的施工方法。

(2)通过使用弯管器制作弯头,熟练掌握弯管器使用方法和布线曲率半径要求。

119

（3）通过核算、列表、领取材料和工具，训练规范施工的能力。

2. 实训要求

（1）按照布线工程设计图，核算实训材料规格和数量，掌握工程材料核算方法，列出材料清单。

（2）按照布线工程设计图，准备实训工具，列出实训工具清单，独立领取实训材料和工具。

（3）独立完成水平子系统线管安装和布线方法，掌握 PVC 管卡、PVC 管的安装方法和技巧，掌握 PVC 管弯头的制作。

3. 实训材料和工具

（1）直径 ϕ20 PVC 塑料管、管接头、管卡若干。

（2）弯管器、穿线器、十字头螺丝刀、M6×16 十字头螺钉。

（3）钢锯、线槽剪、登高梯子、编号标签。

4. 实训设备

网络综合布线实训装置 1 套，如图 6.39 所示。

图 6.39　网络综合布线实训装置

木板制作的实训装置、轻型建筑材料制作的实训装置、土建墙等。

5. 实训步骤

第一步：阅读分析工程施工设计图，分解任务项目，落实工作目标。3～4 人成立一个项目组，选举项目负责人，每组指派一个工作任务。项目负责人指定一种施工方案进行实训。

第二步：按照设计图，核算实训材料规格和数量，掌握工程材料核算方法，列出材料清单。

第三步：按照设计图需要，列出实训工具清单，领取实训材料和工具。

第四步：首先在需要的位置安装管卡。然后安装 PVC 管，两根 PVC 管连接处使用管接头，拐弯处必须使用弯管器制作大拐弯的弯头连接。

第五步：明装布线实训时，边布管边穿线。暗装布线时，先把全部管和接头安装到位，并且固定好,然后从一端向另外一端穿线。

第六步:布管和穿线后,必须做好线标,如图6.40所示。

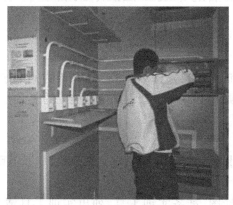

图6.40　做好线标

6. 实训分组

为了满足全班40~50人同时实训和充分利用实训设备,实训前必须进行合理的分组,如图6.41所示。保证每组的实训内容相同、难易程度相同。分组要求从机柜到信息点完成一个永久链路的水平布线实训,以不同机柜、不同布线高度、不同布线拐弯分别组合成多种布线路径实训,每个小组分配一种布线路径实训。

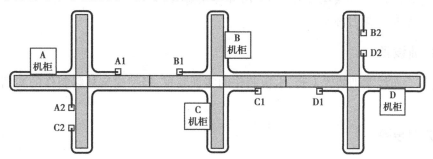

图6.41　分组平面图

7. 实训报告

(1)分析一种水平布线子系统施工图。

(2)列出实训材料规格、型号、数量清单表。

(3)列出实训工具规格、型号、数量清单表。

(4)写出使用弯管器制作大拐弯接头的方法和经验。

(5)总结出水平子系统布线施工程序和要求。

(6)写出使用工具的体会和技巧。

实训二　PVC 线槽的布线工程技术实训

1. 实训目的

（1）通过线槽的安装和穿线等，熟练掌握水平子系统的施工方法。
（2）通过核算、列表、领取材料和工具，训练规范施工的能力。

2. 实训要求

（1）按照工程施工设计图，核算实训材料规格和数量，掌握工程材料核算方法，列出材料清单。
（2）按照工程施工设计图，准备实训工具，列出实训工具清单，独立领取实训材料和工具。
（3）独立完成水平子系统线槽安装和布线方法，掌握 PVC 线槽、盖板、阴角、阳角、三通的安装方法和技巧。

3. 实训材料和工具

（1）宽度 20 或者 40 mmPVC 线槽、盖板、阴角、阳角、三通若干。
（2）电动起子、十字头螺丝刀、M6×16 十字头螺钉。
（3）登高梯子、编号标签。

4. 实训设备

网络综合布线实训装置 1 套、木板制作的实训装置、轻型建筑材料制作的实训装置、土建墙等。

5. 实训步骤

第一步：根据工程施工图纸，确定工作任务。
3～4 人成立一个项目组，选举项目负责人，项目负责人指定一种施工方案进行实训。
第二步：按照设计图，核算实训材料规格和数量，掌握工程材料核算方法，列出材料清单。
第三步：按照设计图需要，列出实训工具清单，领取实训材料和工具。
第四步：首先量好线槽的长度，再使用电动起子在线槽上开 8 mm 孔，如图 6.42 所示。孔位置必须与实训装置安装孔对应，每段线槽至少开两个安装孔。
第五步：用 M6×16 螺钉把线槽固定在实训装置上，如图 6.43 所示。拐弯处必须使用专用接头，例如阴角、阳角、弯头、三通等，不宜用线槽制作。

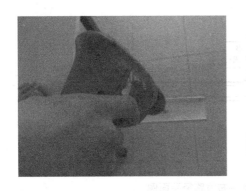

图 6.42　开孔

图 6.43　固定线槽

第六步:在线槽布线,边布线边装盖板。

第七步:布线和盖板后,必须做好线标。

6. 实训分组

为了满足全班 40 人同时实训和充分利用实训设备,实训前必须进行合理的分组,保证每组的实训内容相同、难易程度相同。分组要求从机柜到信息点完成一个永久链路的水平布线实训,以不同机柜、不同布线高度、不同布线拐弯分别组合成多种布线路径实训,每个小组分配一种布线路径实训。如图 6.44、图 6.45 所示,以网络综合布线实训装置为例进行分组,具体可以按照实训设备规格和实训人数设计。

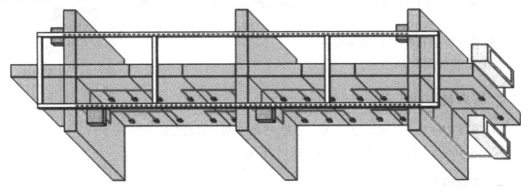

图 6.44　部分永久链路水平布线路径立体图

7. 实训报告

(1)列出实训材料规格、型号、数量清单表。

(2)列出实训工具规格、型号、数量清单表。

(3)整理出安装弯头、阴角、阳角、三通等线槽配件的方法和经验。

(4)总结出水平子系统布线施工程序和要求。

(5)写出使用工具的体会和技巧。

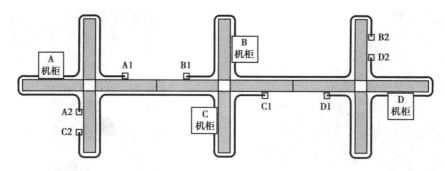

图 6.45　部分永久链路水平布线路径平面图

 实训三　桥架安装和布线工程技术实训

1. 实训目的

（1）掌握桥架在水平子系统中的应用。

（2）掌握支架、桥架、弯头、三通等的安装方法。

（3）通过核算、列表、领取材料和工具，训练规范施工的能力。

2. 实训要求

（1）按照施工图，核算实训材料规格和数量，列出材料清单。

（2）准备实训工具，列出实训工具清单，独立领取实训材料和工具。

（3）独立完成桥架安装和布线。

桥架安装如图 6.46 所示。

图 6.46　桥架安装

3. 实训材料和工具

（1）宽度 100 mm 金属桥架、弯头、三通、三角支架、固定螺丝、网线若干。

（2）电动起子、十字头螺丝刀、M6×16 十字头螺钉、登高梯子、卷尺。

4. 实训设备

网络综合布线实训装置 1 套。

5. 实训步骤

第一步：3~4 人成立一个项目组，选举项目负责人，项目负责人指定一种工程施工方案进行实训。

第二步：按照设计图，核算实训材料规格和数量，掌握工程材料核算方法，列出材料清单。

第三步：按照设计图需要，列出实训工具清单，领取实训材料和工具。

第四步:固定支架安装。用 M6×16 螺钉把支架固定在实训装置上。

第五步:桥架部件组装和安装。用 M6×16 螺钉把桥架固定在三角支架上。

第六步:在桥架内布线,边布线边装盖板,如图 6.47 所示。

图 6.47 布线

6. 实训分组

按照前面几个实训项目进行分组。

7. 实训报告

(1)列出实训材料规格、型号、数量清单表。

(2)列出实训工具规格、型号、数量清单表。

(3)写出安装支架、桥架、弯头、三通等线槽配件的方法和经验。

 实训四 布线曲率半径技术实训

1. 实训目的

(1)掌握缆线布线曲率半径要求。

(2)掌握网络测试仪的使用方法。

2. 实训要求

(1)设计多种不同的曲率半径布线路径和方式,并且设计实训图和测试记录表。

(2)按照设计图进行实训和测试,并记录和分析测试结果。

3. 实训材料和工具

(1)网络双绞线、RJ45 水晶头网线若干。

125

（2）网络测试仪。

4.实训设备

（1）网络综合布线实训装置1套。

（2）曲率半径实验仪1套,如图6.48所示。

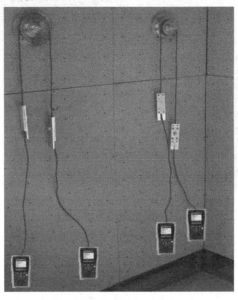

图6.48   曲率半径实验仪

（3）网络测试仪。

5.实训步骤

第一步:设计多种不同的曲率半径布线路径和方式,并且设计实训图和测试记录表。

第二步:按照设计图进行实训和测试。

第三步:详细记录不同曲率半径时,缆线测试数据。

第四步:分析测试数据,并且与国家标准规定进行比较。

6.实训报告

（1）至少设计3种不同曲率半径布线路径和测试记录表。

（2）写出布线曲率半径对链路传输的影响规律。

（3）列出国家标准对布线曲率半径的要求和规定。

（4）写出工程施工中如何保证布线的曲率半径符合标准规定。

实训活动五　布线拉力实验

1. 实训目的

（1）掌握缆线布线拉力要求和对布线工程的影响。
（2）掌握网络测试仪的使用方法。

2. 实训要求

（1）设计不同拉力实验方案和实验记录表。
（2）按照设计方案进行实训和测试，并记录和分析测试结果。

3. 实训材料和工具

网络双绞线、RJ45 水晶头网线若干。

4. 实训设备

（1）网络综合布线实训装置 1 套。
（2）布线拉力实验仪 1 套，如图 6.49 所示。

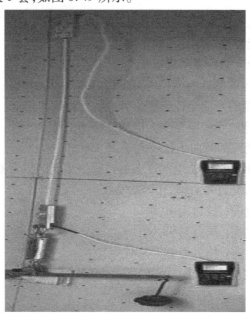

图 6.49　布线拉力实验仪

（3）网络测试仪。

5. 实训步骤

第一步：设计不同的拉力实验方案和实验记录表。

第二步:按照设计方案进行实训和测试,详细记录不同拉力情况下,缆线的测试结果。

第三步:分析测试数据,并且与国家标准规定进行比较。

6.实训报告

(1)至少设计 3 种不同的布线拉力和测试记录表。

(2)写出布线拉力对缆线物理结构和传输的影响规律。

(3)列出国家标准对布线拉力的要求和规定。

(4)写出工程施工中如何保证布线拉力符合标准规定。

 知识窗

水平子系统安装施工原则有:

埋管最大直径原则、穿线数量原则、保证管口光滑和安装护套原则、保证曲率半径原则、横平竖直原则、平行布管原则、线管连续原则、拉力均匀原则、预留长度合适原则、规避强电原则。

 【做一做】

(1)简述水平子系统的设备安装方法和技巧。

(2)简述水平子系统桥架布线施工的基本流程。

(3)缆线的弯曲半径应符合哪些规定?(　　　)

A.非屏蔽 4 对对绞电缆的弯曲半径应至少为电缆外径的 4 倍

B.屏蔽 4 对对绞电缆的弯曲半径应至少为电缆外径的 8 倍

C.主干对绞电缆的弯曲半径应至少为电缆外径的 10 倍

D.2 芯或 4 芯水平光缆的弯曲半径应大于 25 mm

(4)由于通信电缆的特殊结构,电缆在布放过程中承受的拉力不能超过电缆允许张力的 80%。下面关于电缆最大允许拉力值,正确的有(　　　)。

A.1 根 4 对双绞线电缆, 拉力为 49 N

B.2 根 4 对双绞线电缆, 拉力为 98 N

C.3 根 4 对双绞线电缆, 拉力为 147 N

D.n 根 4 对双绞线电缆,拉力为 $(n \times 4 + 5) \times 98$ N

课外综合实训

于课外选择一张包含有暗埋管线、明装线槽、楼道桥架的施工设计图纸,组织几位同学在综合布线实训室一起完成相关训练任务。

【自我评价表】

任务名称	目　标		完成情况			自我评价
			未完成	基本完成	完成	
水平间子系统	知识目标	解释水平子系统的定义				
		列举水平子系统的各种限制规定				
		归纳水平子系统的设计要点				
		记住水平子系统布线拉力等施工要点				
	技能目标	完成水平子系统暗埋线缆的安装和施工				
		完成水平子系统明装线槽布线的施工				
		完成水平子系统桥架布线施工				
		完成水平子系统暗埋线缆的安装和施工				
		完成水平子系统明装线槽布线的施工				
		完成水平子系统桥架布线施工				
	情感目标	养成认真观察、独立思考的良好习惯				
		养成踏实认真、缜密仔细的良好行为习惯				
		提高合作、协同意识以及团队精神				

(1)请同学们根据自己达到的水平在对应的"未完成""基本完成""完成"格中打√。
(2)请同学们在"自我评价"栏中对任务完成情况进行自我评价。

管理间子系统

【项目描述】

管理间子系统(Administration Sub System)由交连、互联和I/O组成,是连接垂直干线子系统和水平干线子系统的设备,其主要设备是配线架、交换机、机柜和电源。管理间子系统如图7.1所示。

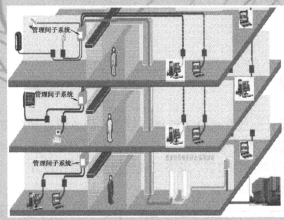

图7.1　设备间示意图

学习完本项目后,你将能够:

◆认识综合布线系统中管理间子系统的结构和特征

◆根据建筑物图纸规划和设计管理间子系统

◆测算和选择布线材料及相应工具

◆完成管理间子系统线缆的绑扎和敷设以及机柜的安装和安全防护

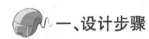
任务一　设计管理间子系统

任务描述

◆通过本任务的学习,我们将深入了解综合布线系统中管理间子系统的结构特点,并根据施工环境的实际情况和客户要求进行规划、设计,根据划分原则来划分管理间,确定出管理间数量,在此基础上进行铜缆布线管理子系统和光缆布线管理子系统设计,并设计出工程方案,制作出施工图纸。

任务分析

本任务主要是管理间子系统的工程前期设计,是工程施工过程中的重要环节,我们将通过对实际施工过程的仿真,阅读客户提供的工程资料,了解客户需求和相应工程标准,并据此形成工程的施工规划并绘制出工程施工设计图。任务实施过程中将采用模拟分析、模拟计算和图纸制作的学习方法。

相关知识

一、设计步骤

管理间子系统的设计一般在充分了解楼层信息点的总数量和分布密度情况后,首先分析各个工作区子系统需求,据此确定每个楼层工作区信息点总数量,然后核定水平子系统缆线所需长度,最后确定管理间的位置,最终完成管理间子系统设计。

一般工作流程如图7.2所示。

图7.2　工作流程图

二、需求分析

管理间的需求分析主要围绕单个楼层或者附近楼层的信息点数量和布线距离等情况进行,如图7.3所示。各个楼层的管理间最好安装在同一位置,如果功能有所不同也可以安装在不同位置。分析时要特别注意最远信息点的线缆长度,列出最远和最近信息点线缆的长度,最好把管理间布置在信息点的中间位置,同时保证各个信息点双绞线的长度不要超过90 m。

图7.3 需求分析

三、技术交流

在进行需求分析后,要与业主方的相关人员进行技术交流,进一步了解用户的需求,特别是未来的扩展需求。在交流中重点了解规划的管理间子系统附近的电源插座、电力电缆、电器管理等情况。在交流过程中必须进行详细的书面记录,每次交流结束后要及时整理书面记录。这些书面记录是进行初步设计的依据。

知识窗

(1)管理间数量的确定

每个楼层至少设置1个管理间(电信间)。特殊情况下几个楼层可合设一个管理间。

(2)管理间面积

GB 50311—2007 中规定管理间的使用面积不应小于5 m^2。一般新建楼房都有专门的垂直竖井,楼层的管理间基本都设计在建筑物竖井内,面积在3 m^2 左右。

(3)管理间电源的要求

管理间应提供不少于两个220 V带保护接地的单相电源插座。

(4)管理间门的要求

管理间应采用外开丙级防火门,门宽须大于0.7 m。

(5)管理间环境要求

管理间内温度应为10～35 ℃,相对湿度宜为20%～80%。一般应该考虑网络交换机等设备发热对管理间温度的影响,在夏季必须保持管理间温度不超过35 ℃。

四、阅读建筑物图纸和管理间编号

在确定管理间位置前,通过阅读建筑物图纸掌握建筑物的土建结构、强电路径、弱电路径,特别是主要电器管理和电源插座的安装位置,重点掌握管理间附近的电器管理、电源插座、暗埋管线等。在阅读图纸时(如图7.4所示),进行记录或者标记有助于将网络和电话等插座设计在合适的位置,避免强电或者电器管理对网络综合布线系统的影响。

管理间子系统使用色标来区分配线设备的性质,标明端接区域、物理位置、编号、容量、规格等,以便维护人员在现场一目了然。综合布线使用3种标记:电缆标记、场标记和插入标记。电缆和光缆的两端应采用不易脱落和磨损的不干胶条标明相同的编号。

133

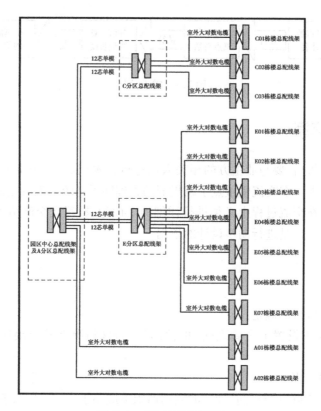

图 7.4　管理间施工图纸

五、管理子系统连接器件

管理子系统的管理器件根据综合布线所用介质类型分为两大类,即铜缆管理器件和光纤管理器件。这些管理器件用于配线间和设备间的缆线端接,以构成一个完整的综合布线系统。

1. 铜缆管理器件

铜缆管理器件主要有配线架、机柜及线缆相关管理附件。配线架主要有 110 系列配线架和 RJ45 模块化配线架两类。

(1)110 系列配线架

110A 配线架采用夹跳接线连接方式,可以垂直叠放,便于扩展,比较适合于线路调整较少、线路管理规模较大的综合布线场合,如图 7.5 所示。110P 配线架采用接插软线连接方式,管理比较简单但不能垂直叠放,较适合于线路管理规模较小的场合,如图 7.6 所示。

110A 配线架有 100 对和 300 对两种规格,可以根据系统安装要求使用这两种规格的配线架进行现场组合。110A 配线架由以下配件组成:

- 100 对或 300 对线的接线块
- 3 对、4 对或 5 对线的 110C 连接块(如图 7.7 所示)

图 7.5　AVAYA 110A 配线架

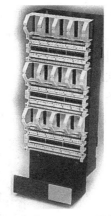

图 7.6　AVAYA 110P 配线架

图 7.7　110C 3、4、5 对连接块

- 底板
- 理线环
- 跳插软线
- 标签条

知识窗

　　管理间子系统的标志编制,应按下列原则进行:

　　①规模较大的综合布线系统应采用计算机进行标志管理,简单的综合布线系统应按图纸资料进行管理,并应做到记录准确、及时更新、便于查阅。

　　②综合布线系统的每条电缆、光缆、配线设备、端接点、安装通道和安装空间均应给定唯一的标志。标志中可包括名称、颜色、编号、字符串或其他组合。

　　③配线设备、线缆、信息插座等硬件均应设置不易脱落和磨损的标志,并应有详细的书面记录和图纸资料。

　　④同一条缆线或者永久链的两端编号必须相同。

　　⑤设备间、交接间的配线设备最好采用统一的色标区别各类用途的配线区。

135

110P 配线架有 300 对和 900 对两种规格。110P 配线架由以下配件组成:

- 安装于面板上的 100 对线的 110D 型接线块
- 3、4 或 5 对线的连接块

- 188C2 和 188D2 垂直底板
- 188E2 水平跨接线过线槽
- 管道组件
- 接插软线
- 标签条

110P 配线架的结构如图 7.8 所示。

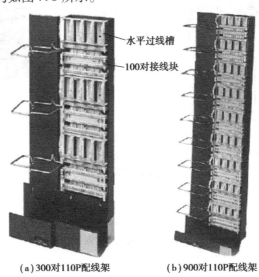

水平过线槽

100对接线块

(a)300对110P配线架　　(b)900对110P配线架

图 7.8　AVAYA 110P 配线架

（2）RJ45 模块化配线架

RJ45 模块化配线架主要用于网络综合布线系统,根据传输性能的要求分为 5 类、超 5 类、6 类模块化配线架。图 7.9 所示为 1U 24 口 RJ45 模块化网络配线架。

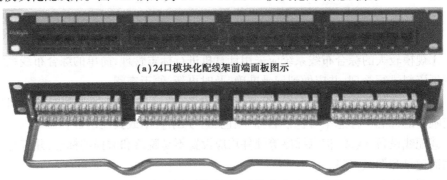

(a)24口模块化配线架前端面板图示

(b)24口模块化配线架后端图示

图 7.9　IU 24 口 RJ45 模块化网络配线架

配线架前端面板可以安装相应标签以区分各个端口的用途,方便以后的线路管理。配线架后端的 BIX 或 110 连接器都有清晰的色标,方便线对按色标顺序端接。

（3）BIX 交叉连接系统

BIX 交叉连接系统是 IBDN 智能化大厦解决方案中常用的管理器件,可以用于计算机网络、电话语音、安保等弱电布线系统。BIX 交叉连接系统主要由以下配件组成：

- 50、250、300 线对的 BIX 安装架(如图 7.10 所示)

300对BIX安装架　　**250对BIX安装架**　　　**50对BIX安装架**

图 7.10　50、250、300 对 BIX 安装架

- 25 对 BIX 连接器(如图 7.11 所示)

图 7.11　25 对 BIX 连接器

- 布线管理环(如图 7.12 所示)

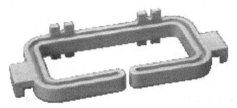

图 7.12　布线管理环

- 标签条
- 电缆绑扎带
- BIX 跳插线(如图 7.13 所示)

(a)BIX跳插线BIX-BIX端口　　　　　　　**(b)BIX跳插线BIX-RJ45端口**

图 7.13　BIX 跳插线

图 7.14 所示为一个安装完整的 BIX 交叉连接系统。

2. 光纤管理器件

光纤管理器件根据光缆布线场合要求分为两类,即光纤配线架和光纤接线箱。光纤配线架适合于规模较小的光纤互连场合,如图 7.15 所示。而光纤接线箱适合于光纤互连较密集的场合,如图 7.16 所示。

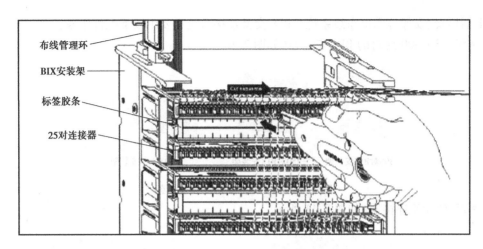

布线管理环

BIX安装架

标签胶条

25对连接器

图 7.14　BIX 交叉连接系统

图 7.15　机架式光纤配线架

图 7.16　光纤接线箱

　　光纤配线架又分为机架式光纤配线架和墙装式光纤配线架两种,机架式光纤配线架宽度为 19 in,可直接安装于标准的机柜内,墙装式光纤配线架体积较小,适合于安装在楼道内。

　　打开光纤配线架可以看到一排插孔,用于安装光纤耦合器。

　　光纤耦合器的作用是将两个光纤接头对准并固定,以实现两个光纤接头端面的连接。光纤耦合器的规格与所连接的光纤接头有关。常见的光纤接头有两类:ST 型和 SC 型,如图7.17 所示;光纤耦合器也分为 ST 型和 SC 型,如图 7.18 所示。

(a)ST型接头

(b)SC型接头

图 7.17　光纤接头

　　光纤耦合器两端可以连接光纤接头,两个光纤接头可以在耦合器内准确端接起来,从而实现两个光纤系统的连接。一般多芯光缆剥除后固定在光纤配线架内,通过熔接或磨接技术使各纤芯连接于多个光纤接头,这些光纤接头端接于耦合器一端(内侧),使用光纤跳线端接于耦合器另一端(外侧),然后光纤跳线可以连接光纤设备或另一个光纤配线架。

(a)ST型耦合器　　　　　　　(b)SC型耦合器　　　　　　　(c)FC型耦合器

图7.18　光纤耦合器

 ## 六、铜缆布线管理子系统设计

铜线布线系统的管理子系统主要采用110配线架或BIX配线架作为语音系统的管理器件,采用模块数据配线架作为计算机网络系统的管理器件。

例7.1　已知某一建筑物的某一个楼层有计算机网络信息点100个,语音点50个,请计算出楼层配线间所需要使用IBDN的BIX安装架的型号及数量,以及BIX条的个数。

提示:IBDN BIX安装架的规格有50对、250对、300对。常用的BIX条是1A4,可连接25对线。

解:根据题目得知总信息点为150个。

(1)总的水平线缆总线对数 =150×4对=600对

(2)配线间需要的BIX安装架应为2个300对的BIX安装架

(3)BIX安装架所需的1A4的BIX条数量=600/25=24(条)

例7.2　已知某幢建筑物的计算机网络信息点数为200个且全部汇接到设备间,那么在设备间中应安装何种规格的IBDN模块化数据配线架?数量多少?

提示:IBDN常用的模块化数据配线架规格有24口、48口两种。

解:根据题目已知汇接到设备间的总信息点为200个,因此设备间的模块化数据配线架应提供不少于200个RJ45接口。如果选用24口的模块化数据配线架,则设备间需要的配线架个数应为9个(200/24=8.3,向上取整应为9个)。

 ## 七、光缆布线管理子系统设计

光缆布线管理子系统主要采用光纤配线箱和光纤配线架作为光缆管理器件。下面通过实例说明光缆布线管理子系统的设计过程。

例7.3　已知某建筑物其中一楼层采用光纤到桌面的布线方案,该楼层共有40个光纤点,每个光纤信息点均布设一根室内2芯多模光纤至建筑物的设备间,请问设备间的机柜内应选用何种规格的IBDN光纤配线架?数量多少?需要订购多少个光纤耦合器?

提示:IBDN光纤配线架的规格为12口、24口、48口。

解:根据题目得知共有40个光纤信息点,由于每个光纤信息点需要连接一根双芯光纤,因此设备间配备的光纤配线架应提供不少于80个接口,考虑网络以后的扩展,可以选用3

个24口的光纤配线架和1个12口的光纤配线架。光纤配线架配备的耦合器数量与需要连接的光纤芯数相等,即为80个。

例7.4 已知某校园网分为3个片区,各片区机房需要布设一根24芯的单模光纤至网络中心机房,以构成校园网的光纤骨干网络。网管中心机房为管理好这些光缆应配备何种规格的光纤配线架?数量多少?光纤耦合器多少个?需要订购多少根光纤跳线?

解:

①根据题目得知各片区的3根光纤合在一起总共有72根纤芯,因此网管中心的光纤配线架应提供不少于72个接口。

②由以上接口数可知网管中心应配备24口的光纤配线架3个。

③光纤配线架配备的耦合器数量与需要连接的光纤芯数相等,即为72个。

④光纤跳线用于连接光纤配线架耦合器与交换机光纤接口,因此光纤跳线数量与耦合器数量相等,即为72根。

任务实施

实训一　设计建筑物竖井内安装方式

近年来,随着网络的发展和普及,在新建的建筑物中每层都会考虑到管理间,并会给网络等留有弱电竖井,便于安装网络机柜等管理设备。如图7.19所示为在竖井管理间中安装网络机柜,这样方便设备的统一维修和管理。设计建筑物竖井内安装的步骤为:

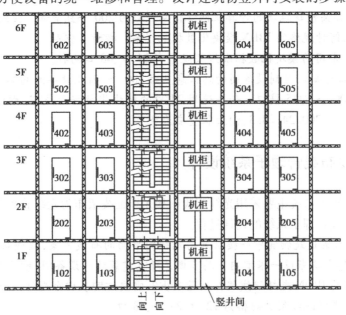

图7.19　建筑物竖井间安装网络机柜示意图

（1）勘察施工的具体环境。

（2）分析工程质量要求，确定设备安装的数量以及规格，并计算出工程物料的数量。

（3）利用工程绘图工具或软件进行施工图的规划和绘制。

 实训二　设计建筑物楼道明装方式

在信息点比较集中、数量相对多的情况下，我们考虑将网络机柜安装在楼道的两侧，如图 7.20 所示。这样可以减少水平布线的距离，同时也方便网络布线施工的进行。

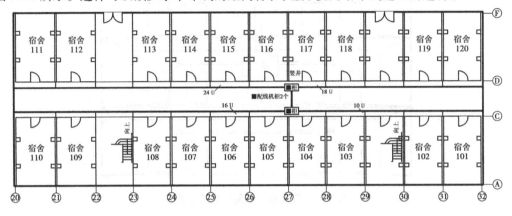

图 7.20　楼道明装网络机柜示意图

 实训三　设计建筑物楼道半嵌墙安装方式

在特殊情况下，需要将管理间机柜半嵌墙安装，机柜露在外的部分主要是便于设备的散热。这样的机柜需要单独设计、制作。具体安装如图 7.21 所示。

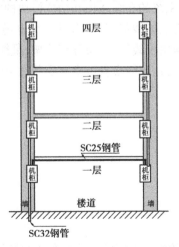

图 7.21　半嵌墙安装网络机柜示意图

实训四 设计住宅楼改造增加综合布线系统

在已有住宅楼中需要增加网络综合布线系统时,一般考虑每个住户一个信息点,这样每个单元的信息点数量比较少,一般将一个单元作为一个管理间,往往把网络管理间机柜设计安装在该单元的中间楼层,如图7.22所示。

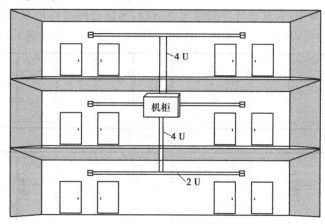

图7.22 住宅楼安装网络机柜示意图

 知识窗

管理间(电信间)主要为楼层安装配线设备(机柜、机架、机箱等)和楼层计算机网络设备(HUB 或 SW)的场地,并可考虑在该场地设置缆线竖井、等电位接地体、电源插座、UPS 配电箱等设施。在场地面积满足的情况下,也可设置建筑物安防、消防、建筑设备监控系统、无线信号等系统的布缆线槽和功能模块的安装。

管理间子系统设置在楼层配线房间,是水平系统电缆端接的场所,也是主干系统电缆端接的场所。它由大楼主配线架、楼层分配线架、跳线、转换插座等组成。管理间子系统中以配线架为主要设备,配线设备可直接安装在 19 in 机架或者机柜上。

 【做一做】

1. 判断题

(1)从信息插座到配线间的配线架间的双绞线布线的最长距离是 90 m。( )

(2)水平管线设计与电力线缆无关,不用考虑保持距离的问题。( )

(3)水平通道可选择预埋暗管的方式。( )

（4）水平干线子系统用线一般为双绞线。（　　）

（5）用户的终端设备连接到布线系统的子系统称为水平子系统。（　　）

2. 选择题

（1）综合布线系统中用于连接信息插座与楼层配线间的子系统是（　　）。

  A. 工作区子系统   B. 水平子系统

  C. 干线子系统   D. 管理子系统

（2）水平布线子系统也称作水平子系统，其设计范围是指（　　）。

  A. 信息插座到楼层配线架 B. 信息插座到主配线架

  C. 信息插座到用户终端   D. 信息插座到服务器

（3）TIA/EIA 568 B 标准规定的水平线缆不可以是（　　）。

  A. 4 对 100 Ω 3 类、超 5 类、6 类 UTP 或 SCTP 电缆

  B. 2 条或多条 62.5/125 μm 多模光缆

  C. 4 对 100 Ω 4 类、5 类 UTP 或 SCTP 电缆

  D. 2 条或多条 50/125 μm 多模光缆

3. 简述题

简述管理间子系统的标志的编制原则。

课外综合实训

  于课外选择一处相对简单的建筑物，确定 1~2 层（4~6 间）的房屋，设计一张包含有配线架、铜缆和光纤连接的施工设计图纸。

任务二　掌握管理间子系统的工程技术

任务描述

  ◆根据管理间子系统的设计方案，以及管理间子系统的标准要求，熟悉配电要求，正确安装管理间电源、机柜和相应线架，完成标准标记和简易标记的制作与应用，最终完成管理间的安装工程。

任务分析

  在本任务中，主要是各种设备、设施的安装施工，它在整个管理间子系统工程中非常重要，所以我们将对施工过程进行模拟。通过仿真阅读、分析设计图纸，形成相应的施工方案，进行模拟的施工实训。在任务实施过程中将采用模拟分析、模拟计算和模拟安装的方法进行学习。

相关知识

一、机柜安装要求

《综合布线系统工程设计规范》(GB 50311—2007)国家标准安装工艺要求内容中,对机柜的安装有如下要求:

一般情况下,综合布线系统的配线设备和计算机网络设备采用 19 in 标准机柜安装。机柜尺寸通常为 600 mm(宽) ×900 mm(深) × 2 000 mm(高),共有 42 U 的安装空间。机柜内可安装光纤连接盘、RJ45(24 口)配线模块、多线对卡接模块(100 对)、理线架、计算机 HUB/SW 设备等。如果按建筑物每层电话和数据信息点各为 200 个考虑配置上述设备,大约需要 2 个 19 in(42 U)的机柜空间,以此测算电信间面积至少应为 5 m²(2.5 m × 2.0 m)。

对于管理间子系统来说,多数情况下采用 6 ~12 U 壁挂式机柜,如图 7.23 所示。一般安装在每个楼层的竖井内或者楼道中间位置,具体安装方法采取三角支架或者膨胀螺栓固定机柜。

图 7.23　壁挂式机柜

二、电源安装要求

管理间的电源一般安装在网络机柜的旁边,安装 220 V(三孔)电源插座。如果是新建建筑,一般要求在土建施工过程时按照弱电施工图上标注的位置安装到位。

 三、网络配线架的安装

网络配线架的安装要求如下:

（1）在机柜内部安装配线架前，首先要进行设备位置规划或按照图纸规定确定位置，统一考虑机柜内部的跳线架、配线架、理线环、交换机等设备。同时考虑配线架与交换机之间跳线是否方便。

（2）缆线采用地面出线方式时，一般从机柜底部穿入机柜内部，配线架多安装在机柜下部。采取桥架出线方式时，一般缆线从机柜顶部穿入机柜内部，配线架多安装在机柜上部。缆线采取从机柜侧面穿入机柜内部时，配线架常安装在机柜中部。

（3）配线架应该安装在左右对应的孔中，水平误差不得大于 2 mm，更不允许左右孔错位安装。

如图 7.24 所示为网络配线架。

图 7.24　网络配线架

网络配线架的安装步骤如下：

第一步：检查配线架和配件是否完整。

第二步：将配线架安装在机柜设计位置的立柱上。

第三步：理线。

第四步：端接打线，如图 7.25 所示。

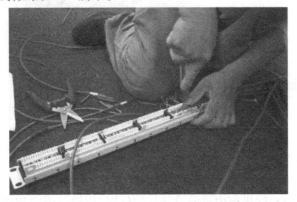

图 7.25　端接打线

第五步:做好标记,安装标签条。

　知识窗

表 7.1　常用网络机柜规格表

规　格	高　度/mm	宽　度/mm	深　度/mm	
42 U	2 000	600	800	650
37 U	1 800	600	800	650
32 U	1 600	600	800	650
25 U	1 300	600	800	650
20 U	1 000	600	800	650
14 U	700	600	450	
7 U	400	600	450	
6 U	350	600	420	
4 U	200	600	420	

　四、交换机安装

　　安装交换机前首先检查产品外包装是否完整和开箱检查产品,收集和保存配套资料。一般包括交换机,2 个支架,4 个橡皮脚垫和 4 个螺钉,1 根电源线,1 个管理电缆。然后准备安装交换机,交换机安装如图 7.26 所示,步骤如下:

图 7.26　安装交换机

　　第一步:从包装箱内取出交换机设备。

　　第二步:给交换机安装两个支架,安装时要注意支架方向。

　　第三步:将交换机放到机柜中提前设计好的位置,用螺钉固定到机柜立柱上,一般交换机上下要留一些空间用于空气流通和设备散热。

第四步:将交换机外壳接地,将电源线拿出来插在交换机后面的电源接口。

第五步:完成上面几步操作后就可以打开交换机电源了,开启状态下查看交换机是否出现抖动现象,如果出现抖动现象请检查脚垫高低或机柜上的固定螺丝的松紧情况。

注意:拧这些螺钉的时候不要过于紧,否则会让交换机倾斜;也不能过于松垮,否则交换机在运行时不会稳定,工作状态下设备会抖动。

五、编号和标记

管理子系统是综合布线系统的线路管理区域,该区域往往安装了大量的线缆、管理器件及跳线,为了方便以后线路的管理工作,管理子系统的线缆、管理器件及跳线都必须作好标记,以标明位置、用途等信息。如图7.27所示,完整的标记应包含以下信息:建筑物名称、位置、区号、起始点和功能。综合布线系统一般常用3种标记:电缆标记、场标记和插入标记,其中插入标记用途最广。

图7.27　综合布线标记

1.电缆标记

电缆标记主要用来标明电缆来源和去处,在电缆连接设备前电缆的起始端和终端都应作好电缆标记。电缆标记由背面为不干胶的白色材料制成,可以直接贴到各种电缆表面上,其规格尺寸和形状根据需要而定。如图7.28所示,一根电缆从三楼的311房的第一个计算机网络信息点拉至楼层管理间,则该电缆的两端应作上"311-D1"的标记,其中"D"表示数据信息点。

图7.28　电缆标记

2. 场标记

如图7.29所示，场标记又称为区域标记，一般用于设备间、配线间和二级交接间的管理器件之上，以区别管理器件连接线缆的区域范围。场标记也是由背面为不干胶的材料制成的，可贴在设备醒目的平整表面上。

3. 插入标记

如图7.30所示，插入标记一般在管理器件上，如110配线架、BIX安装架等。插入标记是硬纸片，可以插在1.27 cm×20.32 cm的透明塑料夹里，这些塑料夹可安装在两个110接线块或两根BIX条之间。每个插入标记都用色标来指明所连接电缆的发源地，这些电缆端接于设备间和配线间的管理场。对于插入标记的色标，综合布线系统有较为统一的规定，见表7.2。通过不同色标可以很好地区别各个区域的电缆，方便管理子系统的线路管理工作。

图7.29　场标记

图7.30　插入标记

表7.2　综合布线色标规定

色别	设备间	配线间	二级交接间
蓝	设备间至工作区或用户终端线路	连接配线间与工作区的线路	来自交换间连接工作区线路
橙	网络接口、多路复用器引来的线路	来自配线间多路复用器的输出线路	来自配线间多路复用器的输出线路
绿	来自电信局的输入中继线或网络接口的设备侧		
黄	交换机的用户引出线或辅助装置的连接线路		
灰		至二级交接间的连接电缆	来自配线间的连接电缆端接
紫	来自系统公用设备（如程控交换机或网络设备）连接线路	来自系统公用设备（如程控交换机或网络设备）连接线路	来自系统公用设备（如程控交换机或网络设备）连接线路
白	干线电缆和建筑群间连接电缆	来自设备间干线电缆的端接点	来自设备间干线电缆的点到点端接

知识窗

　　为便于日后的维护和增加信息点,必须在机柜内配线架和交换机端口作相应冗余,如增加用户或设备时,只需简单接入网络即可。

　　线缆有 5 种基本颜色,顺序为白、红、黑、黄、紫,每个基本颜色里面又包括 5 种颜色,顺序分别为蓝、橙、绿、棕、灰。即所有的线对 1 ~ 25 对的排序为白蓝、白橙、白绿、白棕、白灰……紫蓝、紫橙、紫绿、紫棕、紫灰。

　　100 对线缆里面用蓝、橙、绿、棕 4 色的丝带分成 4 个 25 对分组,每个分组再按上面的方式相互缠绕,就可以区分出 100 条线对。

　　配线架的管理以表格对应方式,根据座位、部门单元等信息,记录布线的路线,并加以标识,以方便维护人员识别和管理。

任务实施

壁挂式机柜的安装。

1. 实训目的

(1)通过常用壁挂式机柜的安装,了解机柜的布置原则和安装方法及使用要求。

(2)通过壁挂式机柜的安装,熟悉常用壁挂式机柜的规格和性能。

2. 实训要求

(1)准备实训工具,列出实训工具清单。

(2)独立领取实训材料和工具。

(3)完成壁挂式机柜的定位。

(4)完成壁挂式机柜的墙面固定安装。

3. 实训材料和工具

(1)实训专用 M6×16 十字头螺钉,用于固定壁挂式机柜,每个机柜使用 4 个。

(2)十字头螺丝刀,长度 150 mm,用于固定螺丝,一般每人 1 个。

4. 实训设备

网络综合布线实训装置 1 套、木板制作的实训装置、轻型建筑材料制作的实训装置、土建墙等。

5. 实训步骤

第一步:准备实训工具,列出实训工具清单。

第二步:领取实训材料和工具。

第三步:确定壁挂式机柜的安装位置。

壁挂式机柜一般安装在墙面,必须避开电源线路,高度在1.8 m以上。安装前,现场用纸板比对机柜上的安装孔,做一个样板,按照样板孔的位置在墙面开孔,安装10~12 mm膨胀螺栓4个,然后将机柜安装在墙面,并引入电源。

2~3人组成一个项目组,选举项目负责人,每组设计一种设备安装图,并且绘制图纸。项目负责人指定一种设计方案进行实训,如图7.31所示。

第四步:准备好需要安装的设备——壁挂式网络机柜,使用实训专用螺丝,在设计好的位置安装壁挂式网络机柜,用螺丝固定牢固,如图7.32所示。

图7.31　壁挂式机柜

图7.32　安装壁挂式机柜

第五步:安装完毕后,作好设备编号。

6.实训报告要求

(1)画出壁挂式机柜安装位置布局示意图。

(2)写出常用壁挂式机柜的规格。

(3)分步陈述实训程序或步骤以及安装的注意事项。

(4)写出实训体会和操作技巧。

【做一做】

(1)简述管理间子系统中机柜安装的基本要求。

(2)说说通信跳线架的安装步骤。

(3)在管理间子系统的施工中,电源的安装应该注意什么?

(4)简述网络配线架的安装要求。

(5)综合布线系统通常采用哪几种标记?

(6)电缆标记的作用是什么?

(7)试叙述现场标记的作用和意义。

课外综合实训

于课外选择一张包含有配线架、铜缆和光纤连接的施工设计图纸,组织几位同学在综合布线实训室一起完成相关训练任务。

【自我评价表】

任务名称	目　标		完成情况			自我评价
			未完成	基本完成	完成	
管理间子系统	知识目标	解释管理间子系统的概念				
		概述管理间子系统的划分原则				
		复述管理间子系统的设计要点				
		记住管理间子系统中各部分的安装要点				
		概述管理间子系统的工程技术				
	技能目标	设计管理间子系统施工方案				
		绘制管理间子系统施工图纸				
		安装机柜、电源、110 配线架、交换机等管理间子系统设备				
	情感目标	养成认真观察、独立思考的良好习惯				
		建立统筹、协调的全局意识				
		养成善于观察、勤于思考的良好行为习惯				
		培养团队合作、协同意识				
(1) 请同学们根据自己达到的水平在对应的"未完成""基本完成""完成"格中打√。 (2) 请同学们在"自我评价"栏中对任务完成情况进行自我评价。						

垂直子系统工程技术

【项目描述】

垂直子系统也称骨干子系统,它是整个建筑物综合布线系统的关键链路。垂直子系统的主要功能是负责把各个管理间的干线连接到设备间,从而提高建筑物内垂直干线电缆的路由。具体地说就是实现数据终端设备、交换机和各管理间的连接。垂直干线传输电缆的设计必须既满足当前的需要,又适合今后的发展,具有高性能和高可靠性,支持高速数据传输。

学习完本项目后,你将能够:

◆记住垂直子系统的基本概念

◆掌握垂直子系统的设计原则

◆设计垂直子系统的实例

◆具备垂直子系统的工程技术

◆完成垂直子系统的工程技术实训项目

任务一　熟悉垂直子系统的基本概念及设计原则

任务概述

◆垂直子系统的线缆直接连接着几十或几百个用户,因此一旦干线电缆发生故障,则影响巨大。为此,我们需要熟悉垂直子系统的基本概念,掌握其每一个设计环节。

任务分析

垂直子系统设计步骤为:首先进行需求分析,与用户进行充分的技术交流和了解建筑物用途,然后通过认真阅读建筑物设计图纸来确定管理间位置和信息点数量,其次进行初步规划和设计,确定每条垂直系统布线路径,最后是确定布线材料规格和数量,并完成材料规格和数量统计表的制作,其基本流程如图8.1所示。

图8.1　设计基本流程图

任务实施

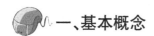

综合布线系统中非常关键的组成部分就是垂直干线子系统,它由设备间的建筑物配线设备(BD)和跳线,以及设备间至各楼层配线间的千线电缆组成,采用大对数电缆或光缆。两端分别连接在设备间和楼层配线间的配线架上。它是建筑物内综合布线的主馈缆线,是楼层配线间与设备间之间垂直布放(或空间较大的单层建筑物的水平布线)缆线的统称。

垂直干线子系统包括:
- 供各条干线接线间之间的电缆走线用的竖向或横向通道;
- 主设备间与计算机中心间的电缆。

友情提示

垂直干线子系统的结构一般采用星型拓扑结构。

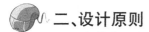二、设计原则

1. 需求分析

综合布线系统设计的首项重要工作就是需求分析,垂直子系统作为综合布线系统工程中最重要的子系统之一,决定着每个信息点的稳定性及传输速度。垂直子系统的布线路径、布线方式和材料的选择,对水平子系统施工的影响是非常大的。

友情提示

> 需求分析首先按照楼层高度进行分析,分析设备间到每个楼层的管理间的布线距离、布线路径,逐步明确和确认垂直子系统的布线材料的选择。
>
> 新建建筑物的垂直子系统管线宜安装在弱电竖井中,一般使用金属线槽或者PVC线槽。

2. 技术交流

在进行需求分析后,有一项非常必要的工作就是:与用户进行技术交流。要充分了解用户的需求,特别是对未来的发展需求,我们交流的对象,除了技术负责人,与项目或者行政负责人交流也是十分必要的。在交流过程中:要重点了解每个房间或者工作区的用途、要求、运行环境等因数。为了准确地把握设计依据,在交流过程中必须进行详细的书面记录,而且每次交流后都要及时整理书面记录。

3. 阅读建筑物图纸

需求分析完成后,还需要认真阅读建筑物设计图纸。通过阅读建筑物图纸掌握建筑物的土建结构、强电路径、弱电路径,重点掌握在综合布线路径上的电器设备、电源插座、暗埋管线等。在阅读图纸时,同样需要进行记录或者作标记,这有助于将网络竖井设计在合适的位置,避免强电或者电器设备对网络综合布线系统的影响。

4. 规划和设计

(1)确定干线线缆类型及线对

垂直子系统线缆主要有铜缆和光缆两种类型,具体选择要根据布线环境的限制和用户对综合布线系统设计等级进行考虑。垂直子系统的电缆总对数和光缆总对数,应满足工程的实际需要,并留有适当的备份需要。

知识窗

> 垂直子系统所需要的电缆总对数和光纤总芯数,应满足工程的实际需求,并留有适当的备份容量。主干缆线宜设置电缆与光缆,并互相作为备份路由。

（2）选择垂直子系统路径

垂直子系统主干缆线应选择最短、最安全和最经济的路由。垂直主干缆线的一端与设备间连接，另一端则与管理间进行连接。干线电缆的位置应尽可能位于建筑物的中心位置，缆线不应布放在电梯、供水、供气、供暖、强电等竖井中。建筑物内有两大类型的通道：封闭型和开放型。封闭型通道是指一连串上下对齐的空间，每层楼都有一间，电缆竖井、电缆孔、管道电缆、电缆桥架等穿过这些房间的地板层。开放型通道是指从建筑物的地下室到楼顶的一个开放空间，中间没有任何楼板隔开。

（3）配置线缆容量

主干电缆和光缆所需的容量要求及配置应符合相关规定。

（4）垂直子系统缆线敷设保护方式要求如下：

①缆线不得布放在电梯或供水、供气、供暖管道竖井和强电竖井中。

②设备间、进线间、电信间之间干线通道应相互沟通。

（5）垂直子系统干线线缆的交接

为了便于综合布线的路由管理，干线电缆、干线光缆布线的交接不应多于两次。从楼层配线架到建筑群配线架之间只应通过一个配线架，也就是通过设备间内的建筑物配线架。只有综合布线用一级干线布线进行配线时，放置干线配线架的二级交接间才可以并入楼层配线间。

（6）垂直子系统干线线缆的端接

干线电缆可采用点对点端接，也可采用分支递减端接以及电缆直接连接。点对点端接是最简单、最直接的接合方法，如图8.2所示。

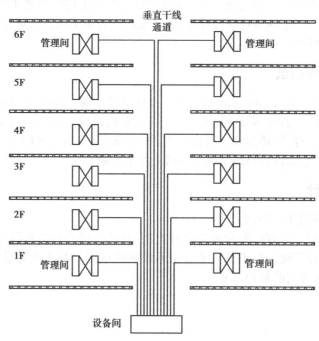

图8.2 干线电缆点至点端接方式

分支递减端接是用一根足以支持若干个楼层配线管理间或若干个二级交接间的通信容量的大容量干线电缆,它经过电缆接头交接箱分出若干根小电缆,再分别延伸到每个二级交接间或每个楼层配线管理间,最后端接到目的地的连接硬件上,如图8.3所示。

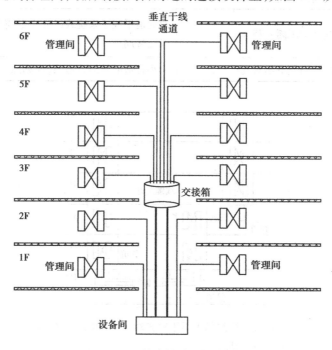

图8.3　干线电缆分支接合方式

(7)确定干线子系统通道规模

　　垂直子系统是建筑物内的主干电缆。在大型建筑物内,通常使用的干线子系统通道是由一连串穿过配线间地板且垂直对准的通道组成的,穿过弱电间地板的线缆井和线缆孔,如图8.4所示。

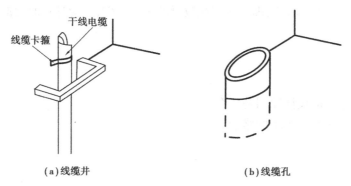

图8.4　穿过弱电间地板的线缆井和线缆孔

　　确定干线子系统的通道规模,主要就是确定干线通道和配线间的数目。确定的依据就是综合布线系统所要覆盖的可用楼层面积。其具体情况见表8.1。

表 8.1   垂直子系统通道规模选择

楼层面积和情况	通道规模选择
如果信息插座跟配线间的距离 >75 m	单干线接线系统
如果信息插座跟配线间的距离 <75 m	双通道干线子系统或经分支电缆与设备间相连的二级交接间
如果同一幢大楼的配线间上下不对齐	大小合适的线缆管道系统（如图 8.5 所示）

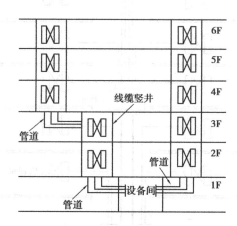

图 8.5   配线间上下不对齐时双干线电缆通道

(8)设计缆线与电力电缆等间距

5.统计材料规格和数量

综合布线子系统材料的概算是指根据施工图纸材料使用数量和定额计算出造价。对于材料的计算,我们首先要确定施工使用的布线材料类型,列出一个简单的统计表。在进行统计表设计时,应结合实际需要,即主要完成数量的统计工作,避免计算时的漏项。

【做一做】

(1)垂直子系统的设计原则是什么?

(2)如何选择垂直子系统的路径?

任务二　设计垂直子系统的实例

任务概述

• 通过典型的案例设计,掌握垂直子系统的布线设计。

任务分析

为了完成本任务,需掌握垂直干线子系统布线的方式。

任务实施

 实训一　确定垂直子系统竖井位置

在设计垂直子系统时,必须先确定竖井的位置,从而方便施工的进行。竖井位置图纸的设计如图8.6所示。

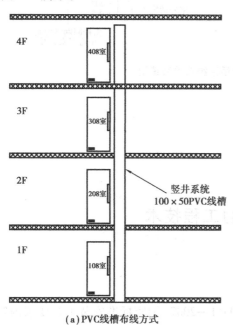

（a）PVC线槽布线方式　　　　（b）PVC线管布线方式

图8.6　竖井位置示意图

实训二 设计布线系统示意图

综合布线系统规划、设计中往往需要设计一些布线系统图,垂直系统布线设计如图8.7所示。

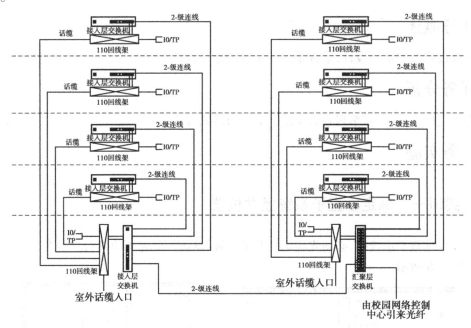

图 8.7 网络、电话系统布线系统图

 【做一做】

简述垂直子系统竖井位置确定的过程。

任务三 掌握垂直子系统的工程技术

任务概述

在《综合布线系统工程设计规范》(GB 50311—2007)国家标准安装工艺要求内容中,对垂直子系统的安装工艺提出了具体要求。通过本任务的学习,要求掌握垂直子系统常用的工程技术。

任务分析

为了完成本任务,需要具备垂直子系统的相关工程技术。

任务实施

一、选择垂直子系统布线线缆

干线线缆类型的选择,应结合建筑物的结构特点以及应用系统的类型来决定。在干线子系统设计时常用以下 5 种线缆:

- 100 Ω 大对数对绞电缆(UTF 或 STP)
- 8.3/125 μm 单模光缆
- 75 Ω 有线电视同轴电缆
- 62.5/125 μm 多模光缆
- 4 对双绞线电缆(UTP 或 STP)

二、选择垂直子系统布线通道

垂直线缆的布线路由的选择主要取决于建筑物的结构以及建筑物内预埋的管道。电缆孔和电缆井是目前垂直型的干线布线路由的两种主要方法。

知识窗

单层平面建筑物水平型的干线布线路由主要有金属管道和电缆托架两种方法。

干线子系统垂直通道有下列 3 种方式可供选择:

- 电缆孔方式　如果楼层配线间上下都对齐,一般采用电缆孔方法,如图 8.8 所示。通道中所用的电缆孔是很短的管道,通常是在楼板内预埋一根或数根外径 63～102 mm 的金属管,金属管高出地面 25～50 mm,也可直接在地板中预留一个大小适当的孔洞。电缆往往捆在钢绳上,而钢绳固定在墙上已铆好的金属条上。
- 管道方式　管道方式应包括明管或暗管敷设。
- 电缆竖井方式　在新建工程中,推荐使用电缆竖井的方式。电缆井是指在每层楼板上开出一些方孔,一般宽度为 30 cm,并有 2.5 cm 高的井栏,具体大小要根据所布线的干线电缆数量而定,如图 8.9 所示。与电缆孔方法一样,电缆也是捆扎或箍在支撑用的钢绳上,钢绳由墙上的金属条或地板三脚架固定。电缆井比电缆孔更为灵活,可以让各种粗细不一的电缆以任何方式布设通过。但在建筑物内开电缆井造价较高,而且不使用的电缆井很难防火。

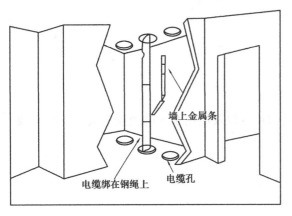

图8.8　电缆孔方法

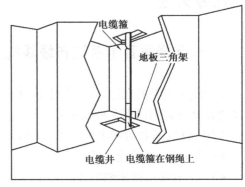

图8.9　电缆井方法

三、垂直子系统线缆容量的计算

在确定干线线缆类型后,便可以进一步确定每个楼层的干线容量。一般而言,楼层水平子系统所有的语音、数据、图像等信息插座的数量是确定每层楼的干线类型和数量的重要依据。

四、垂直子系统线缆的绑扎

垂直子系统敷设缆线时,应对缆线进行绑扎。对绞电缆、光缆及其他信号电缆应根据缆线的类别、数量、缆径、缆线芯数分束绑扎。绑扎间距不宜大于1.5 m,间距应均匀,防止线缆因重量产生拉力造成线缆变形,不宜绑扎过紧或使缆线受到挤压。

 友情提示

在绑扎缆线的时候需特别注意的是应该按照楼层进行分组绑扎。

五、垂直子系统缆线敷设方式

垂直干线是建筑物的主要线缆,它为从设备间到每层楼上的管理间之间传输信号提供通路。干线系统的布线方式有垂直型的,也有水平型的,这主要根据建筑物的结构而定。大多数建筑物都是垂直向高空发展的,因此很多情况下会采用垂直型的布线方式。但是也有很多建筑物是横向发展的,如飞机场候机厅、工厂仓库等建筑,这时也可以采用水平型的主干布线方式。因此主干线缆的布线路由既可能是垂直型的,也可能是水平型的,或是两者的结合。

友情提示

在新的建筑物中,通常利用竖井通道敷设垂直干线。

知识窗

在竖井中敷设垂直干线一般有两种方式:向下垂放电缆和向上牵引电缆。

【做一做】

已知某建筑物需要实施综合布线工程,根据用户需求分析得知,其中第六层有 60 个计算机网络信息点,各信息点要求接入速率为 100 MB/s;另有 45 个电话语音点,而且第六层楼层管理间到楼内设备间的距离为 60 m,请确定该建筑物第六层的干线电缆类型及线对数。

任务四 完成垂直子系统的实训项目

任务概述

◆通过本任务的实训,掌握 PVC 线槽/线管布线、钢缆扎线技术。

任务分析

要完成 PVC 线槽/线管布线,必须具备以下技能:

(1)计算和准备好实验需要的材料和工具。

(2)完成竖井内模拟布线实验,合理设计和施工布线系统,使路径合理。

(3)垂直布线平直、美观,接头合理。

(4)掌握垂直子系统线槽/线管的接头和三通连接以及大线槽开孔、安装、布线、盖板的方法和技巧。

(5)掌握锯弓、螺丝刀、电动起子等工具的使用方法和技巧。

要安装钢缆,必须具备以下技能:

(1)计算和准备好实验需要的材料和工具。

(2)完成竖井内钢缆扎线实验,合理设计和施工布线系统,使路径合理。

(3)垂直布线平直、美观,扎线整齐合理。

(4)掌握垂直子系统支架、钢缆和扎线的方法和技巧。

(5)掌握活扳手、U 型卡、线扎等工具和材料的使用方法和技巧。

(6)掌握扎线的间距要求。

任务实施

实训一 完成 PVC 线槽/线管布线

1. 实训目的

(1)通过垂直子系统布线路径和距离的设计,熟练掌握垂直子系统的设计。

(2)通过线槽/线管的安装和穿线等,熟练掌握垂直子系统的施工方法。

(3)通过核算、列表、领取材料和工具,训练规范施工的能力。

2. 实训材料和工具

(1)PVC 塑料管、管接头、管卡若干。

(2)40PVC 线槽、接头、弯头等。

(3)锯弓、锯条、钢卷尺、十字头螺丝刀、电动起子、人字梯等。

3. 实训设备

推荐实训设备一:网络综合布线实训装置 1 套,产品型号:KYSYZ-12-12。

推荐实训设备二:木板制作的实训装置、轻型建筑材料制作的实训装置、土建墙等。

4. 实训步骤

实训步骤流程如图 8.10 所示。

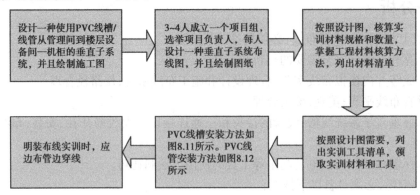

图 8.10 流程图

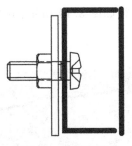

图 8.11 线槽安装图

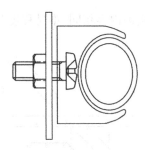

图 8.12 管卡安装图

5. 实训分组

为了满足班级所有人同时实训和充分利用实训设备,实训前必须进行合理的分组,保证每组的实训内容相同、难易程度相同。

实训二 完成钢缆扎线

1. 实训目的

(1)通过垂直子系统布线路径和距离的设计,熟练掌握垂直子系统的设计。

(2)通过墙面安装钢缆,熟练掌握垂直子系统的施工方法。

(3)通过核算、列表、领取材料和工具,训练规范施工的能力。

2. 实训材料和工具

(1)直径 5 mm 钢缆、U 型卡、支架若干。

(2)锯弓、锯条、钢卷尺、十字头螺丝刀、活扳手、人字梯等。

3. 实训设备

推荐实训设备一:网络综合布线实训装置 1 套。

推荐实训设备二:木板制作的实训装置、轻型建筑材料制作的实训装置、土建墙等。

4. 实训步骤

实训步骤流程如图 8.13 所示。

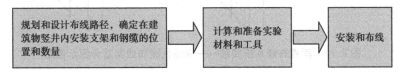

规划和设计布线路径,确定在建筑物竖井内安装支架和钢缆的位置和数量 → 计算和准备实验材料和工具 → 安装和布线

图 8.13 流程图

5. 实训分组

为了满足班级所有人同时实训和充分利用实训设备,实训前必须进行合理的分组,以保

证每组的实训内容相同、难易程度相同。每个小组实验路径如图 8.14 所示,分组实验路径如图 8.15 所示。

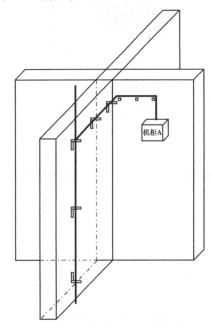

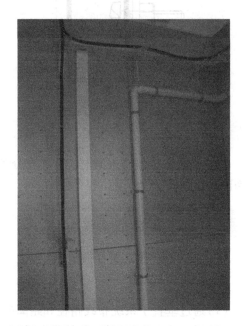

图 8.14　垂直布线系统实验——钢缆扎线布线实验示意图

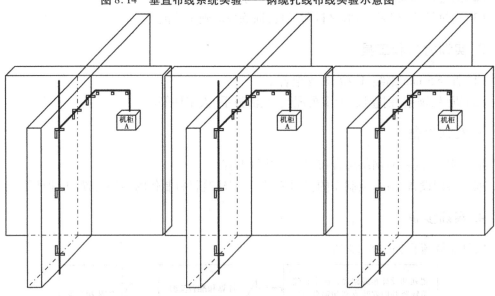

图 8.15　垂直布线系统实验——钢缆扎线布线实验分组示意图

友情提示

实验装置有长1.2 m,宽1.2 m角共12个,可以模拟12个建筑物竖井进行垂直子系统布线实验。12个小组可以同时进行实验。

【做一做】

(1)简述PVC线槽/线管布线的工作过程。

(2)说出钢缆扎线布线的工作要点。

任务五　熟悉垂直子系统的工程经验

任务概述

◆通过本任务,熟悉垂直子系统的工程经验。

任务分析

为了完成本任务,需要总结垂直子系统布线过程的工程经验。

任务实施

如果在一次网络综合布线工程施工过程中,将一栋5层公寓楼的垂直布线所有的线缆绑扎在一起,在测试时,发现有一层的线缆无法测通,经过排查发现是垂直子系统的布线出现了问题,需要重新布线。而在换线的过程中因为无法抽动该层的线缆,又不得不将所有绑扎的线缆逐层放开,才能换好。那么在以后的布线中我们应怎样避免此类问题的出现呢?

(1)在施工过程中,垂直系统的绑扎要分层绑扎,并做好标记。

(2)同时值得注意的是:在许多束或捆线缆的场合,位于外围的线缆受到的压力比线束里面的大,压力过大会使线缆内的扭绞线对变形,像上面所说的那样影响性能,主要表现为回波损耗成为主要的故障模式。回波损耗的影响能够累积下来,这样每一个过紧的系缆带造成的影响都累加到总回波损耗上。你可以想象最坏的情况,在长长的悬线链上固定着一根线缆,每隔300 mm就有一个系缆带。这样固定的线缆如果有40 m,那么线缆就有134处被挤压着。所以,当你使用系缆带时,要分外注意系带时的力度,系缆带只要足以束住线缆就足够了。

【做一做】

(1)画出垂直子系统 PVC 线槽或管布线路径图。

(2)计算出布线需要的弯头、接头等的材料和工具。

(3)简述使用工具的体会和技巧。

(4)写出钢缆绑扎线缆的基本要求和注意事项。

(5)计算出需要的 U 型卡、支架等的材料和工具。

【自我评价表】

任务名称	目标		完成情况			自我评价
			未完成	基本完成	完成	
垂直子系统的基本概念和设计原则	知识目标	记住垂直子系统的基本概念				
	技能目标	设计垂直子系统				
	情感目标	提高学生的团队合作意识				
垂直子系统的实例设计和工程技术	知识目标	了解如何设计垂直子系统				
	技能目标	能运用垂直子系统的工程技术				
	情感目标	养成学生独立思考及勇于探索的习惯				
垂直子系统的实训项目和工程经验	知识目标	记住垂直子系统的工程经验				
	技能目标	掌握应用垂直子系统的工程技术				
	情感目标	综合学生分析问题、解决问题、总结经验的能力				
(1)请同学们根据自己达到的水平在对应的"未完成""基本完成""完成"格中打√。						
(2)请同学们在"自我评价"栏中对任务完成情况进行自我评价。						

设备间子系统工程技术

【项目描述】

　　设备间在实际应用中一般称为网络中心或者机房,是在每栋建筑物适当地点进行网络管理和信息交换的场地。其位置和大小应该根据系统分布、规模以及设备的数量来具体确定。它通常由电缆、连接器和相关支撑硬件组成,通过缆线把各种公用系统设备互连起来。设备间的主要设备有计算机网络设备、服务器、防火墙、路由器、程控交换机、楼宇自控设备主机等,它们可以放在一起,也可分别设置。

　　在较大型的综合布线中,也可以把与综合布线密切相关的硬件设备集中放在设备间,其他计算机设备、数字程控交换机、楼宇自控设备主机等可以分别设置单独机房,这些单独的机房应该紧靠综合布线系统设备间。

　　学习完本项目后,你将能够:

　　　　◆熟悉设备间子系统的基本概念

　　　　◆掌握设备间子系统的设计原则

　　　　◆完成设备间子系统的实例设计

　　　　◆掌握设备间子系统的工程技术

任务一　熟悉设备间子系统的基本概念及设计原则

任务概述

◆设备间子系统是一个集中化设备区,连接系统公共设备及通过垂直干线子系统连接至管理子系统。只有掌握其基本概念和设计原则,才能完成设备间子系统的设计。

任务分析

设备间子系统设计的步骤与垂直子系统类似:仍然是先进行需求分析,与用户进行充分的技术交流,了解建筑物用途,然后通过认真阅读建筑物设计图纸来确定管理间位置和信息点数量;其次进行初步规划和设计,确定每条垂直系统布线路径;最后是确定布线材料规格和数量,并完成材料规格和数量统计表的制作。其基本流程如图9.1所示。

图9.1　流程图

任务实施

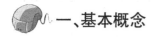一、基本概念

1.设备间的概念

设备间是每一座建筑物安装进出线设备,进行综合布线及其应用系统管理和维护的场所。设备间可放置综合布线的进出线配线硬件及语音、数据、楼层监控等应用系统的设备,如图9.2所示。设备间子系统一般设在建筑物中部或建筑物的一、二层,避免设在顶层或地下室,位置不应远离电梯,而且应为以后的扩展留下余地。

2.空间设计要求

设备间子系统空间要按 ANSL/TLA/ELA-569 要求设计。设备间子系统空间用于安装电信设备、连接硬件、接头套管等,是系统进行管理、控制、维护的场所。设备间子系统所在的空间还有对门窗、天花板、电源、照明、接地的要求。

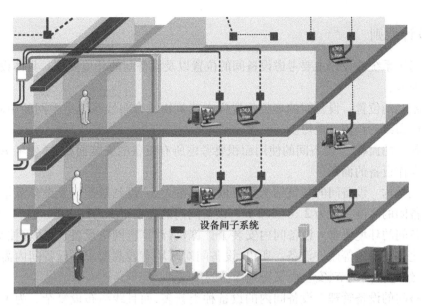

图 9.2 设备间示意图

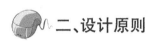

二、设计原则

1. 需求分析

设备间子系统是综合布线的中心单元,它的需求分析应围绕整个楼宇的信息点数量、设备的数量、规模、网络构成结构等进行,每幢建筑物内至少应设置 1 个设备间,如果电话交换机与计算机网络设备分别安装在不同的场地,可设置 2 个或 2 个以上设备间,以满足不同的设备安装需要。

2. 技术交流

完成需求分析后,还要充分了解用户的需求,特别是对未来发展的需求,我们的交流对象,除了技术负责人外,与项目或者行政负责人交流也是十分必要的。在交流过程中:重点了解规划的设备间子系统附近的电源插座、电力电缆、电器管理等情况。为了准确地把握设计依据,在交流过程中必须进行详细的书面记录,而且每次交流后都要及时整理书面记录。

3. 阅读建筑物图纸

技术交流完成后,还需要认真阅读建筑物设计图纸。因为通过阅读建筑物图纸掌握建筑物的土建结构、强电路径、弱电路径,特别是主要与外部配线连接接口位置,重点掌握设备间附近的电器管理、电源插座、暗埋管线等。在阅读图纸时,同样需要进行记录或者作标记,这有助于将网络竖井设计在合适的位置,避免强电或者电器设备对网络综合布线系统的影响。

4. 设计原则

设备间子系统的设计主要考虑设备间的位置以及设备间的环境要求。具体设计要点请参考下列内容：

● 设备间的位置　设备间的理想位置应在建筑物综合布线系统主干网的中间位置，这样到各楼层布线的距离就最短。

● 设备间的面积　设备间的使用面积要考虑所有设备的安装面积，还要考虑预留工作人员管理操作设备的面积。

● 建筑结构　设备间的建筑结构主要依据设备大小、设备搬运以及设备重量等因素而设计。设备间的高度一般为 2.5~3.2 m。设备间门的大小至少为高 2.1 m，宽 1.5 m。

● 设备间的环境要求　设备间内安装了计算机、计算机网络设备、电话程控交换机、建筑物自动化控制设备等硬件设备。所以，设备间对环境有较高要求。设备间内需建立一个照明良好、经过仔细调节、安全而又得到保护的环境。

● 设备间的设备管理　设备间内的设备种类繁多，而且线缆布设复杂。为了管理好各种设备及线缆，设备间内的设备应分类分区安装，设备间内所有进出线装置或设备应采用不同色标，以区别各类用途的配线区，方便线路的维护和管理。

● 安全分类　设备间的安全分为 A、B、C 3 个类别，具体规定详见表 9.1。

表 9.1　设备间的安全要求

安全项目	A 类	B 类	C 类
场地选择	有要求或增加要求	有要求或增加要求	无要求
防火	有要求或增加要求	有要求或增加要求	有要求或增加要求
内部装修	要求	有要求或增加要求	无要求
供配电系统	要求	有要求或增加要求	有要求或增加要求
空调系统	要求	有要求或增加要求	有要求或增加要求
火灾报警及消防设施	要求	有要求或增加要求	有要求或增加要求
防水	要求	有要求或增加要求	无要求
防静电	要求	有要求或增加要求	无要求
防雷击	要求	有要求或增加要求	无要求
防鼠害	要求	有要求或增加要求	无要求
电磁波的防护	有要求或增加要求	有要求或增加要求	无要求

● 结构防火　为了保证设备使用安全，设备间应安装相应的消防系统，配备防火防盗门。

● 火灾报警及灭火设施　安全级别为 A、B 类设备间内应设置火灾报警装置。在机房内、基本工作房间、活动地板下、吊顶上方及易燃物附近都应设置烟感和温感探测器。

● 接地要求　在设备间设备安装过程中必须考虑设备的接地。

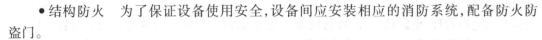

●内部装饰　设备间装修材料应使用符合《建筑设计防火规范》(TJ 16—87)中规定的难燃材料或阻燃材料,应能防潮、吸音、不起尘、抗静电等。

●设备间的线缆敷设方式　设备间的线缆敷设通常有4种方式:活动地板方式、地板或墙壁内沟槽方式、预埋管路方式和机架走线架方式。

 知识窗

(1)设备间最小使用面积不得小于20 m²。

(2)根据设备间设备的使用要求,设备供电方式分为3类:

　●需要建立不间断供电系统

　●需建立带备用的供电系统

　●按一般用途供电考虑

(3)设备间的楼板承重设计一般分为两级:A 级≥500 kg/ m²,B 级≥300 kg/ m²。

 【做一做】

(1)简述设备间子系统的概念。

(2)简述设备间子系统的设计原则包括哪些指标。

任务二　设计设备间子系统的实例

任务概述

◆通过典型的实例设计,掌握设备间子系统的布线设计。

任务分析

要完成设备间子系统的设计,必须具备布局设计和预埋管路设计的技能。

任务实施

 实训一　绘制设备间布局图

在设计设备间布局时,一定要将安装设备区域和管理人员办公区域分开考虑,这样不但便于管理人员的办公,而且便于设备的维护,如图9.3所示。

173

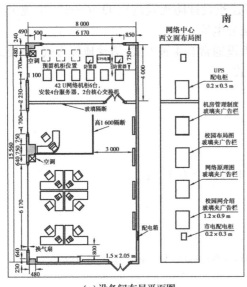

(a)设备间布局平面图　　　　　　　(b)设备间装修效果图

图9.3　设备间布局设计图

 友情提示

设备区域与办公区域可使用玻璃隔断分开。

 实训二　绘制设备间预埋管路图

设备间的布线管道一般采用暗敷预埋方式,如图9.4所示。

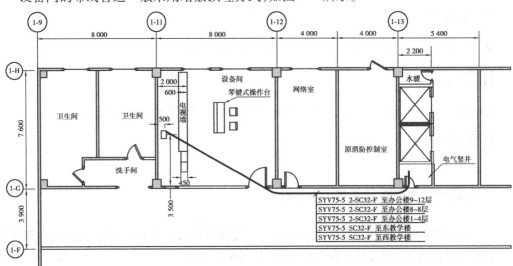

SYV75-5 2-SC32-F 至办公楼9~12层
SYV75-5 2-SC32-F 至办公楼8~8层
SYV75-5 2-SC32-F 至办公楼1~4层
SYV75-5 SC32-F 至东教学楼
SYV75-5 SC32-F 至西教学楼

图9.4　设备间预埋管道图

【做一做】

(1)绘制设备间布局设计图。

(2)制作设备间预埋管道图。

任务三 掌握设备间子系统的工程技术

任务概述

在《综合布线系统工程设计规范》(GB 50311—2007)国家标准安装工艺要求中,对设备间的设置也有一定的要求。通过本任务的学习,要求掌握设备间子系统常用的工程技术。

任务分析

要完成设备间子系统的设计,必须遵行相应的工程要求,这样才能符合标准。

任务实施

1.设备间子系统的标准要求

每幢建筑物内应至少设置 1 个设备间,如果电话交换机与计算机网络设备分别安装在不同的场地或根据安全需要,也可设置 2 个或 2 个以上设备间,以满足不同业务的设备安装需要。

友情提示

如果一个设备间以 10 m² 计,大约能安装 5 个 19 in 的机柜。在机柜中安装电话大对数电缆多对卡接式模块,数据主干缆线配线设备模块,大约能支持总量为6 000个信息点所需(其中电话和数据信息点各占50%)的建筑物配线设备安装空间。

2.设备间机柜的安装要求

设备间机柜的安装要求标准见表9.2。

175

表9.2　机柜安装要求标准

项　目	标　准
安装位置	应符合设计要求,机柜应离墙1 m,便于安装和施工。所有安装的螺丝不得有松动,保护橡皮垫应安装牢固
底座	安装应牢固,应按设计图的防震要求进行施工
安放	安放应竖直,柜面应水平,垂直偏差≤1‰,水平偏差≤3 mm,机柜之间缝隙≤1 mm
表面	完整,无损伤,螺丝坚固,每平方米表面凹凸度应<1 mm
接线	接线应符合设计要求,接线端子各种标志应齐全,保持良好
配线设备	接地体、保护接地,导线截面,颜色应符合设计要求
接地	应设接地端子,并良好连接接入楼宇接地端排
线缆预留	①对于固定安装的机柜,在机柜内不应有预留线长,预留线应预留在可以隐蔽的地方,长度为1～1.5 m ②对于可移动的机柜,连入机柜的全部线缆在连入机柜的入口处,应至少预留1 m,同时各种线缆的预留长度相互之间的差别应不超过0.5 m
布线	机柜内走线应全部固定,并要求横平竖直

3. 配电要求

设备间供电由大楼市电提供电源进入设备间专用的配电柜。设备间设置设备专用的UPS地板下插座,为了便于维护,在墙面上安装维修插座。其他房间根据设备的数量安装相应的维修插座。

4. 设备间防雷设计

依据有关规定,对计算机网络中心设备间电源系统采用三级防雷设计。

第一、二级电源防雷:防止从室外窜入的雷电过电压、防止开关操作过电压、感应过电压、反射波效应过电压。

友情提示

一般在设备间总配电处,选用电源防雷器分别在L-N、N-PE间进行保护,可最大限度地确保被保护对象不因雷击而损坏,能更大限度地保护设备安全。

第三级电源防雷:防止开关操作过电压、感应过电压。设备间的重要设备(服务器、交换机、路由器等)多,必须在其前端安装电源防雷器,如图9.5所示。

5. 设备间防静电措施

为了防止静电带来的危害,更好地保护机房设备,更好地利用布线空间,应在中央机房

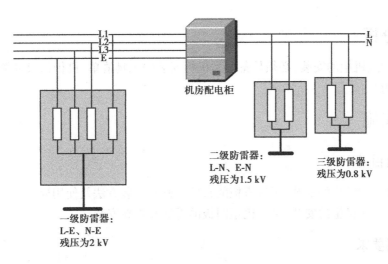

图 9.5　防雷器安装位置

等关键的房间内安装高架防静电地板。

　　设备间用防静电地板有钢结构和木结构两大类,其要求是既能提供防火、防水和防静电功能,又要轻、薄并具有较高的强度和适应性,且有微孔通风。防静电地板下面或防静电吊顶板上面的通风道应留有足够余地以作为机房敷设线槽、线缆的空间,这样既保证了大量线槽、线缆,便于施工,同时也使机房整洁美观。

 友情提示

　　在设备间装修铺设抗静电地板安装时,同时应安装静电泄漏系统,铺设静电泄漏地网,通过将静电泄漏干线和机房安全保护地的接地端子封在一起,将静电泄漏掉。

 【做一做】

　　(1)设备间子系统的工程技术包括哪些?
　　(2)设备间的防静电措施除安装防静电地板外还有其他途径吗?

任务四　完成设备间子系统的实训项目

任务概述

◆通过本任务,完成立式机柜的安装。

任务分析

要完成立式机柜的安装,必须具备列举机柜安装的工具清单、机柜的尺寸测量及机柜安装与拆卸能力。

任务实施

1. 实训目的

(1)通过立式机柜的安装,了解机柜的布置原则和安装方法及使用要求。

(2)通过立式机柜的安装,掌握机柜门板的拆卸和重新安装。

2. 实训要求

(1)准备实训工具,列出实训工具清单。

(2)独立领取实训材料和工具。

(3)完成立式机柜的定位、地脚螺丝调整、门板的拆卸和重新安装。

3. 实训材料和工具

(1)立式机柜 1 个。

(2)十字头螺丝刀,长度 150 mm,用于固定螺丝。一般每人 1 个。

(3)5 m 卷尺,一般每组 1 把。

4. 实训管理

推荐实训管理一:网络综合布线实训室。

推荐实训管理二:教学用教室。

5. 实训步骤

实训步骤如图 9.6 所示。

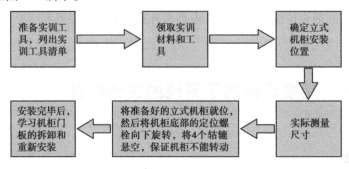

图 9.6 流程图

友情提示

　　立式机柜在管理间、设备间或机房的布置必须考虑远离配电箱,四周应保证有1 m的通道和检修空间。

【做一做】

　　(1)简述立式机柜的安装步骤。
　　(2)画出立式机柜的安装图。

任务五　熟悉设备间子系统的工程经验

任务概述

◆完成本任务,掌握在设备间子系统设计的工程经验。

任务分析

为了完成本任务,需要总结设备间子系统设计中的技术经验。

任务实施

设备在安装前,需对设备间周围环境进行检查,只有满足了相应的要求才能进行安装。

1. 设备间设备进场

在安装之前,必须对设备间的建筑和环境条件进行检查,具备下列条件方可开工:

　　(1)设备间的土建工程已全部竣工,室内墙壁已充分干燥。设备间门的高度和宽度不妨碍设备的搬运,房门锁和钥匙齐全。

　　(2)设备间地面平整光洁,预留暗管、地槽和孔洞的数量、位置、尺寸均符合工艺设计要求。

　　(3)电源已经接入设备间,能满足施工需要。

　　(4)设备间的通风管道已清扫干净,空气调节设备已安装完毕,性能良好。

　　(5)在铺设活动地板的设备间内,对活动地板进行专门检查,地板板块铺设严密坚固,符合安装要求,每平方米水平误差不大于 2 mm,地板接地良好,接地电阻和防静电措施符合要求。

2. 设备的散热

设备间的交换机、服务器等设备的安装周围空间不要太拥挤,以利于散热。

【做一做】

(1)画出立式机柜安装位置布局示意图。

(2)分步陈述机柜安装实训程序或步骤以及安装注意事项。

(3)写出安装机柜实训体会和操作技巧。

【自我评价表】

任务名称	目 标		完成情况			自我评价
			未完成	基本完成	完成	
设备间子系统的基本概念和设计原则	知识目标	记住设备间子系统的基本概念				
	技能目标	设计设备间子系统				
	情感目标	提高学生的团队合作意识				
设备间子系统的实例设计和工程技术	知识目标	了解如何设计设备间子系统				
	技能目标	能运用设备间子系统的工程技术				
	情感目标	养成学生独立思考及勇于探索的习惯				
设备间子系统的实训项目和工程经验	知识目标	记住设备间子系统的工程经验				
	技能目标	能应用设备间子系统的工程技术实训项目				
	情感目标	综合学生分析问题、解决问题、总结经验的能力				

(1)请同学们根据自己达到的水平在对应的"未完成""基本完成""完成"格中打√。

(2)请同学们在"自我评价"栏中对任务完成情况进行自我评价。

进线间和建筑群子系统

【项目描述】

在项目一中我们已经介绍了进线间子系统和建筑群子系统的基本概念,在本项目中主要学习进线间子系统、建筑群子系统的设计原则和施工工程技术。

学习完本项目后,你将能够:

◆ 了解进线间子系统的设计原则

◆ 了解建筑群子系统的设计原则

◆ 能进行室外管道铺设

◆ 掌握铺设线缆的方法

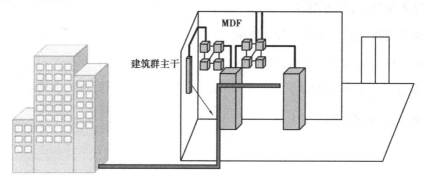

任务一　设计进线间子系统

任务描述

◆通过对进线间相关知识的学习,掌握进线间的设计原则,能灵活运用该原则确定进线间的位置、面积和入口管孔数量,设计出符合要求的进线间子系统。

任务分析

通过示意图展示,学生实地参观,让学生理解进线间子系统设计。

任务实施

进线间是建筑物外部通信和信息管线的入口部位,并可作为入口设施和建筑群配线设备的安装场地。进线间主要作为容纳室外电、光缆引入楼内的成端与分支、光缆配盘的空间位置,如图10.1所示。

图 10.1　进线间子系统图

进线间在设计时要遵循以下原则:

● 地下设置原则　一般一个建筑物宜设置一个进线间,设置在地下或者靠近外墙,以便于缆线引入,且与布线垂直井连通。

● 空间合理原则　进线间因涉及因素较多,难以统一提出具体所需面积,可根据建筑物实际情况,并参照通信行业和国家的现行标准要求进行设计。

进线间应满足缆线的敷设路由、成端位置及数量、光缆的盘长空间和缆线的弯曲半径、充气维护设备、配线设备等方面安装所需要的场地空间和面积。进线间的大小应按进线间的进局管道最终容量及入口设施的最终容量设计,同时应考虑满足多家电信业务经营者安装入口设施等设备的面积。

● 共用原则　在设计和安装时,进线间应考虑通信、消防、安防、楼控等其他设备以及设备安装空间。

● 安全原则

①进线间入口管道所有布放缆线和空闲的管孔应采取防火材料封堵,作好防水处理。

②进线间缆线入口处的管孔数量应留有充分的余量,建议留2~4孔的余量。

③进线间应采用相应防火级别的防火门,门向外开,宽度不小于1 000 mm。

④进线间应设置防有害气体措施和通风装置,排风量按每小时不小于5次容积计算。

⑤进线间安装配线设备和信息通信设施时,应符合设备安装设计的要求。

⑥与进线间无关的水暖管道不宜通过。

知识窗

进线间主要是用于容纳电缆、连接硬件、保护设备和连接网络提供商布线设备,一般每幢大楼都会设立一个进线间,是外界线缆进入大楼的第一站。在最新的TIA-568-C.1的标准里,对进线间有明确的定义和设计规范。

【做一做】

(1)简述进线间设计应符合哪些规定。

(2)如何确定设备间的位置及面积?

任务二 设计建筑群子系统

任务描述

◆通过本任务的学习,要掌握到建筑群子系统的设计原则、步骤和方法。

任务分析

通过学生到工地参观、顶岗实训等方式,让学生理解建筑群子系统的设计,并学会识读建筑图纸。

任务实施

建筑群子系统布线过程如图10.2所示。

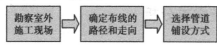

图10.2 过程图

在室外布线中,一定要将弱电线缆的信号线和供电线缆分管道铺设。在条件允许的情况下,弱电应走自己的弱电井,减少受电磁干扰的概率。

建筑物子系统也称为楼宇子系统,主要实现建设物与建筑物之间的通信连接,一般采用光缆并配置光纤配线架等相应设备,它支持楼宇之间通信所需的硬件,包括缆线、端接设备和电气保护设置。

一、建筑群子系统的设计原则

在设计建筑群子系统时,一般要遵循以下原则:

● 地下进埋管原则　建筑群子系统的室外缆线,一般通过建筑物进线间进入大楼内部的设备间,室外距离比较长,设计时一般选用地埋管道穿线或者电缆沟敷设方式。地埋管道穿越园区道路时,必须使用钢管或者抗压 PVC 管,如图 10.3 所示。

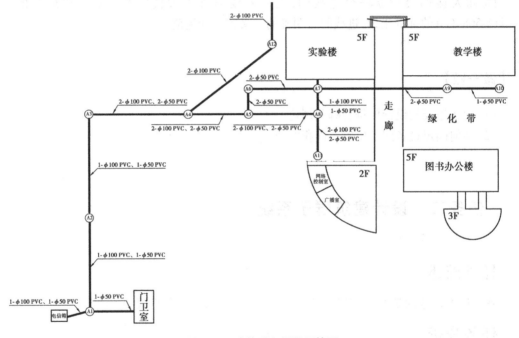

图 10.3　建筑群之间预埋管图

● 防高温、强电原则　建筑的光缆或电缆,经常在室外或进线间需要与热力管道交叉或者并行,必须保持较远的距离,避免高温损坏或缩短其寿命。室外可能会埋设 380 V 或 1 000 V 的交流强电电缆,应远离以避免对网络系统的电磁干扰。

● 预留原则　建筑群子系统的室外管道和缆线必须预留备份,方便未来升级和维护。

二、建筑群子系统需求分析

在建筑群子系统设计时需求分析应包括工程的总体概况、工程各类信息点统计数据、各建筑物信息点分成情况、各建筑物平面设计图、现在系统的状况、设备间位置等。一般应该考虑以下几个具体问题,见表 10.1。

表 10.1　建筑群子系统设计应考虑的问题

类　型	需要考虑的问题
现场	确定敷设现场的特点
	确定建筑物的电缆入口
	确定明显障碍物的位置
电缆	确定电缆系统的一般参数
	选择所需电缆的类型和规格
	确定主电缆路由和备用电缆路由
方案	选择最经济、最实用的设计方案
成本	确定每种选择方案所需的劳务成本和材料成本

 三、技术交流

在进行需求分析后,要与用户进行技术交流,这是非常必要的。由于建筑群子系统往往覆盖整个建筑物群的平面,布线路径也经常与室外的强电线路、给(排)水管道、道路和绿化等项目线路有多次的交叉或者并行实施,因此不仅要与技术负责人交流,也要与项目或者行政负责人进行交流。在交流中应重点了解每条路径上的电路、水路、气路的安装位置等详细信息。在交流过程中必须进行详细的书面记录,每次交流结束后要及时整理书面记录。

 四、阅读建筑物图纸

建筑物主干布线子系统的缆线较多,且路由集中,是综合布线系统的重要骨干线路。

索取和认真阅读建筑物设计图纸是不能省略的程序,通过阅读建筑物图纸掌握建筑物的土建结构、强电路径、弱电路径,重点掌握在综合布线路径上的强电管道、给(排)水管道、其他暗埋管线等。在阅读图纸时,进行记录或者标记,正确处理建筑群子系统布线与电路、水路、气路和电器设备的直接交叉或者路径冲突问题。

 五、建筑群子系统的设计要求

建筑群子系统主要应用于多幢建筑物组成的建筑群综合布线场合,单幢建筑物的综合布线系统可以不考虑建筑群子系统。建筑群子系统的设计主要考虑布线路由选择、线缆选择、线缆布线方式等内容。建筑群子系统应按表 10.2 的要求进行设计。

185

表 10.2 建筑群子系统设计要求

类　型	具体要求
环境美化要求	建筑群干线电缆尽量采用地下管道或电缆沟敷设方式,因客观原因选用了架空布线方式的,也要尽量选用原已架空布设的电话线或有线电视电缆的路由,干线电缆与这些电缆一起敷设,以减少架空敷设的电缆线路
建筑群未来发展需要	在线缆布线设计时,要充分考虑各建筑需要安装的信息点种类和数量,选择相对应的干线电缆的类型以及电缆敷设方式,使综合布线系统建成后,能满足今后一定时期内各种新的信息业务发展的需要
线缆路由的选择	线缆路由应尽量选择距离短、线路平直的路由。在选择路由时,应考虑原有已铺设的地下各种管道,线缆在管道内应与电力线缆分开敷设,并保持一定间距
电缆引入要求	引入设备应安装必要保护装置以达到防雷击和接地的要求。干线电缆引入建筑物时,应以地下引入为主,如果采用架空方式,应尽量采取隐蔽方式引入
干线电缆、光缆交接要求	建筑群的干线电缆、主干光缆布线的交接不应多于两次。从每幢建筑物的楼层配线架到建筑群设备间的配线架之间只应通过一个建筑物配线架
建筑群子系统布线线缆的选择	在网络工程中,经常使用 $62.5\ \mu m/125\ \mu m$($62.5\ \mu m$ 是光纤纤芯直径,$125\ \mu m$ 是纤芯包层的直径)规格的多模光缆,有时也用 $50\ \mu m/125\ \mu m$ 和 $100\ \mu m/140\ \mu m$ 规格的多模光纤。户外布线大于 2 km 时可选用单模光纤。有线电视系统常采用同轴电缆或光缆作为干线电缆,电话系统常采用 3 类大对数电缆作为布线线缆
电缆线的保护	当电缆从一建筑物到另一建筑物时,易受到雷击、电源碰地、电源感应电压或地电压上升等影响,必须进行保护,并要有 UL 安全标记

 知识窗

当发生下列任何情况时,线路容易出现问题:
- 雷击所引起的干扰;
- 工作电压超过 300 V 而引起的电源故障;
- 地电压上升到 300 V 以上而引起的电源故障;
- 60 Hz 感应电压值超过 300 V。

 【做一做】

(1) 在网络工程中,户外布线大于＿＿＿＿＿＿＿＿时可选用单模光纤。

(2) 当电缆从一建筑物到另一建筑物时,要考虑易受到雷击、＿＿＿＿＿＿＿、
＿＿＿＿＿＿＿＿或地电压上升等因数。

(3) 下述哪一条件存在,电缆就有可能遭到雷击?(　　　　)

A. 该地区每年遭受雷暴雨袭击的次数只有 5 天或更少,而且大地的电阻率小

于100 Ω·m

B.建筑物的直埋电缆大于42 m,电缆的连续屏蔽层在电缆一端接地

C.电缆处于已接地的保护伞之内,而此保护伞是由邻近的高层建筑物或其他高层结构所提供的

(4)简述建筑群子系统的设计原则。

任务三 建筑群子系统的线缆布设

任务描述

◆通过本任务的学习,我们将掌握建筑群子系统的4种线缆布设方法。

任务分析

通过挂图展示、学生实训等方式,让学生掌握建筑群子系统的线缆布设技术。

任务实施

建筑群子系统的线缆布设方式有4种:架空布线法、直埋布线法、地下管道布线法和隧道内电缆布线法。

1.架空布线法

架空布线法造价较低,但影响环境美观且安全性和灵活性不足。架空布线法要求用电杆将线缆在建筑物之间悬空架设,一般先架设钢丝绳,然后在钢丝绳上挂放线缆。架空布线使用的主要材料和配件有:缆线、钢缆、固定螺栓、固定拉攀、预留架、U型卡、挂钩、标志管等,如图10.4所示,在架设时需要使用滑车、安全带等辅助工具。

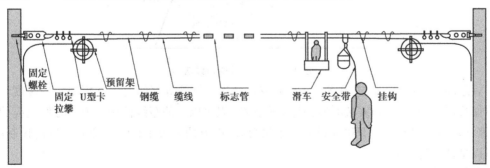

固定螺栓　固定拉攀　U型卡　钢缆　缆线　标志管　滑车　安全带　挂钩　预留架

图10.4　架空布线示意图

2.直埋布线法

直埋布线法根据选定的布线路由在地面上挖沟,然后将线缆直接埋在沟内。直埋电缆

通常应埋在距地面 0.6 m 以下的地方,或按照当地城管等部门的有关法规去施工。

当建筑群子系统采用直埋沟内敷设时,如果在同一个沟内埋入了其他的图像、监控电缆,应设立明显的共用标志。

直埋布线法的路由选择受到土质、公用设施、天然障碍物(如木、石头)等因素的影响。直埋布线法具有较好的经济性和安全性,总体优于架空布线法,但更换和维护电缆不方便且成本较高。

知识窗

建筑群子系统的布线距离的计算

建筑物子系统的布线距离主要通过两栋建筑物之间的距离来确定。一般在每个室外接线井里预留 1 m 的线缆。

3.地下管道布线法

地下管道布线是一种由管道和入孔组成的地下系统,它把建筑群的各个建筑物进行互连。如图 10.5 所示,1 根或多根管道通过基础墙进入建筑物内部的结构。地下管道对电缆起到很好的保护作用,因此电缆受损坏的概率较小,且不会影响建筑物的外观及内部结构。

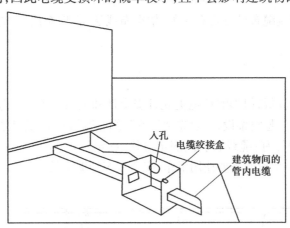

图 10.5　地下管道布线法

管道埋设的深度一般在 0.8~1.2 m,或符合当地城管等部门有关法规规定的深度。为了方便日后的布线,管道安装时应预埋 1 根拉线,以供以后的布线使用。为了方便线缆的管理,地下管道应间隔 50~180 m 设立一个接合井,以方便人员维护。接合井可以是预制的,也可以是现场浇筑的。

此外安装时至少应预留 1~2 个备用管孔,以供扩充之用。

地埋布线材料如图 10.6 所示。

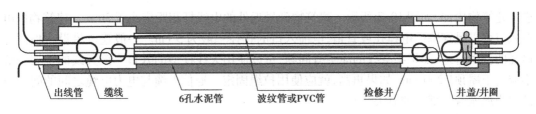

出线管　　缆线　　　　6孔水泥管　　波纹管或PVC管　　　检修井　　　井盖/井圈

图10.6　地埋材料图

知识窗

建筑群子系统线缆布设的标准要求

《综合布线系统工程设计规范》(GB 50311—2007)国家标准第6章安装工艺要求内容中,第6.5.3规定:建筑群之间的缆线宜采用地下管道或电缆沟敷设方式,并应符合相关规范的规定。

4.隧道内电缆布线

在建筑物之间通常有地下通道,大多是供暖供水的,利用这些通道来敷设电缆不仅成本低,而且可以利用原有的安全设施。如考虑到暖气泄漏等条件,电缆安装时应与供气、供水的管道保持一定的距离,安装在尽可能高的地方,可根据民用建筑设施的有关条件进行施工。

以上叙述了管道内、直埋、架空、隧道4种建筑群布线方法,它们的优缺点见表10.3。

表10.3　4种建筑群布线方法比较

方　法	优　点	缺　点
管道内	提供最佳的机械保护 任何时候都可敷设电缆 敷设、扩充和加固都很容易 保持建筑物的外貌	挖沟、开管道和入孔的成本很高
直埋	提供某种程度的机械保护 保持建筑物的外貌	挖沟成本高,难以安排电缆的敷设位置,难以更换和加固
架空	如果本来就有电线杆,则成本最低	没有提供任何机械保护,灵活性差、安全性差,影响建筑物美观
隧道	保持建筑物的外貌,如果本来就有隧道,则成本最低、安全	热量或泄漏的热气可能会损坏电缆,也可能被水淹没

实训一　架空电缆布线

架空电缆通常穿入建筑物外墙上的U形钢保护套,然后向下(或向上)延伸,从电缆孔进入建筑物内部,如图 10.7 所示。建筑物到最近处的电线杆相距应小于 30 m。建筑物的电缆入口可以是穿墙的电缆孔或管道,电缆入口的孔径一般为 5 cm。一般建议另设一根同样口径的备用管道,如果架空线的净空有问题,可以使用天线杆型的入口。该天线的支架一般不应高于屋顶 1 200 mm。如果再高,就应使用拉绳固定。通信电缆与电力电缆之间的间距应遵守当地城管等部门的有关法规。

架空线缆敷设时,一般步骤如下:

第一步:电杆以 30~50 m 的间隔距离为宜。

第二步:根据线缆的质量选择钢丝绳,一般选 8 芯钢丝绳。

第三步:接好钢丝绳。

第四步:架设线缆。

第五步:每隔 0.5 m 架一个挂钩。

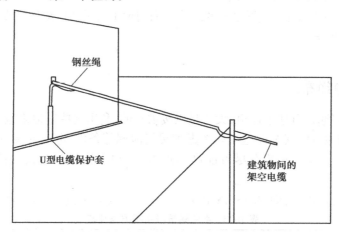

钢丝绳

U 型电缆保护套

建筑物间的架空电缆

图 10.7　架空布线法

 ## 实训二　室外管道光缆施工

室外管道光缆施工步骤如下:

(1)施工前应核对管道占用情况,清洗、安放塑料子管,同时放入牵引线。

(2)计算好布放长度,一定要有足够的预留长度。

(3)一次布放长度不要太长(一般 2 km),布线时应从中间开始向两边牵引。

(4)布缆牵引力一般不大于 1 176 N,而且应牵引光缆的加强芯部分,并作好光缆头部的防水加强处理。

(5)光缆引入和引出处须加顺引装置,不可直接拖地。

(6)管道光缆也要注意可靠接地。

 ## 实训三　直接地埋光缆的敷设

直接地埋光缆的敷设步骤如下:

（1）直埋光缆沟深度要按标准进行挖掘。

（2）不能挖沟的地方可以架空或钻孔预埋管道敷设。

（3）沟底应保证平缓坚固,需要时可预填一部分沙子、水泥或支撑物。

（4）敷设时可用人工或机械牵引,但要注意导向和润滑。

（5）敷设完成后,应尽快回土覆盖并夯实。

【做一做】

（1）建筑群子系统的线缆布设方式有 4 种:架空布线法、_____、_____和隧道内电缆布线。

（2）为了方便线缆的管理,地下管道应间隔_____ m 设立一个接合井,以方便人员维护。

（3）建筑物到最近处的电线杆相距应小于(　　　)。

A. 15 m　　　　　B. 20 m　　　　　C. 25 m　　　　　D. 30 m

（4）架空线缆敷设时,每隔_____ m 架一个挂钩。

（5）简述建筑物子系统的设计步骤。

任务四　光纤熔接技术

任务描述

◆通过本任务的学习,我们要能够进行光纤熔接。

任务分析

建筑群子系统主要采用光缆进行敷设,因此,建筑群子系统的安装技术主要指光缆的安装技术。安装光缆需格外谨慎,连接每条光缆时都要熔接。光纤不能拉得太紧,也不能形成直角。较长距离的光缆敷设最重要的是选择一条合适的路径。必须要有很完善的设计和施工图纸,以便施工和今后检查方便可靠。施工中要时刻注意不要使光缆受到重压或被坚硬的物体扎伤。光缆转弯时,其转弯半径要大于光缆自身直径的 20 倍。

任务实施

 一、熔接前的准备工作

1. 准备相关工具、材料

在作光缆熔接之前,需要准备以下工具和材料:光纤熔接机、工具箱、光缆、光纤跳线、光纤熔接保护套、光纤切割刀、无水酒精等。

2. 检查

检查熔接机,光纤工具及熔接机如图 10.8 所示。

图 10.8　光纤工具及熔接机

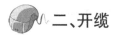 二、开缆

光缆有室内光缆和室外光缆之分,室内光缆借助工具很容易开缆。由于室外光缆内部有钢丝拉线,故对开缆增加了一定的难度,下面介绍室外光缆开缆的步骤,如图 10.9 ～图 10.11 所示。

```
┌─────────────────────────────┐      ┌─────────────────────────────┐
│第一步：在光缆开口处找到光缆内 │      │第二步：一只手紧握光缆，另一只手│
│部的两根钢丝，用斜口钳剥开光缆 │ ──▶  │用斜口钳夹紧钢丝，向身体内侧旋转│
│外皮，用力向侧面拉出一小截钢丝 │      │拉出钢丝，用同样的方法拉出另外一│
│                             │      │根钢丝，两根钢丝都旋转拉出     │
└─────────────────────────────┘      └─────────────────────────────┘
                                                    │
                                                    ▼
┌─────────────────────────────┐      ┌─────────────────────────────┐
│                             │      │第三步：用束管钳将任意一根旋转钢│
│第四步：用剥皮钳将保护套剪剥   │      │丝剪短，留一根以备在光纤配线盒内│
│开，并将其抽出                │ ◀──  │固定。当两根钢丝拉出后，外部的黑│
│                             │      │皮保护套就被拉开了，用手剥开保护│
│                             │      │套，然后用斜口钳剪掉拉开的黑皮保│
│                             │      │护套，然后用剥皮钳将其剥后抽出 │
└─────────────────────────────┘      └─────────────────────────────┘
          │
          ▼
┌─────────────────────────────┐
│第五步：完成开缆               │
└─────────────────────────────┘
```

图 10.9　开缆流程图

图 10.10　剥开光纤钢丝　　　　　　　　　图 10.11　完成开缆

 ## 三、光纤的熔接

1. 剥光纤与清洁

剥光纤与清洁光纤的步骤如图 10.12、图 10.13 所示。

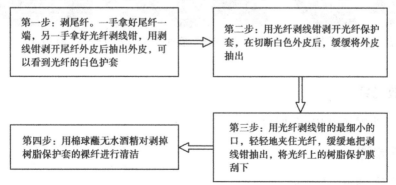
```
┌─────────────────────────────┐      ┌─────────────────────────────┐
│第一步：剥尾纤。一手拿好尾纤一 │      │第二步：用光纤剥线钳剥开光纤保护│
│端，另一手拿好光纤剥线钳，用剥 │ ──▶  │套，在切断白色外皮后，缓缓将外皮│
│线钳剥开尾纤外皮后抽出外皮，可 │      │抽出                         │
│以看到光纤的白色护套           │      │                             │
└─────────────────────────────┘      └─────────────────────────────┘
                                                    │
                                                    ▼
┌─────────────────────────────┐      ┌─────────────────────────────┐
│                             │      │第三步：用光纤剥线钳的最细小的 │
│第四步：用棉球蘸无水酒精对剥掉 │ ◀──  │口，轻轻地夹住光纤，缓缓地把剥 │
│树脂保护套的裸纤进行清洁       │      │线钳抽出，将光纤上的树脂保护膜 │
│                             │      │刮下                         │
└─────────────────────────────┘      └─────────────────────────────┘
```

图 10.12　剥光纤与清洁光纤流程图

193

图 10.13 光纤清洁图

2.切割光纤

第一步:安装热缩保护管。

将热缩套管在一根待熔接光纤上熔接后保护接点。

第二步:制作光纤端面。

①用剥皮钳剥去光纤被覆层 30 ~ 40 mm,用干净酒精棉球擦去裸光纤上的污物。

②用高精度光纤切割刀将裸光纤切去一段,保留裸纤 12 ~ 16 mm。

③将安装好热缩套管的光纤放在光纤切割刀中较细的导向槽内。

④然后按依次方向大小压板。

⑤左手固定切割刀,右手扶着刀片盖板,并用大拇指迅速向远离身体的方向推动切割刀刀架,此时就完成了光纤的切割。

图 10.14 放入切割刀导槽线　　图 10.15 光纤熔接机两侧放入光纤　　图 10.16 固定光纤跳

3.安放光纤

安放光纤步骤如图 10.17 所示。

4.熔接步骤

熔接步骤如图 10.18 所示。

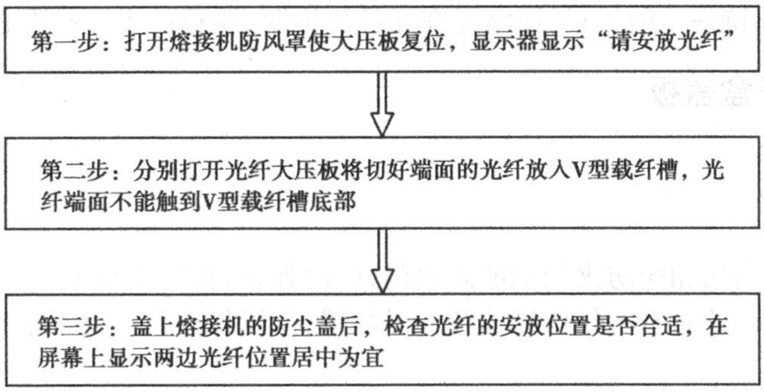

第一步：打开熔接机防风罩使大压板复位，显示器显示"请安放光纤"

第二步：分别打开光纤大压板将切好端面的光纤放入V型载纤槽，光纤端面不能触到V型载纤槽底部

第三步：盖上熔接机的防尘盖后，检查光纤的安放位置是否合适，在屏幕上显示两边光纤位置居中为宜

图 10.17　安放光纤流程图

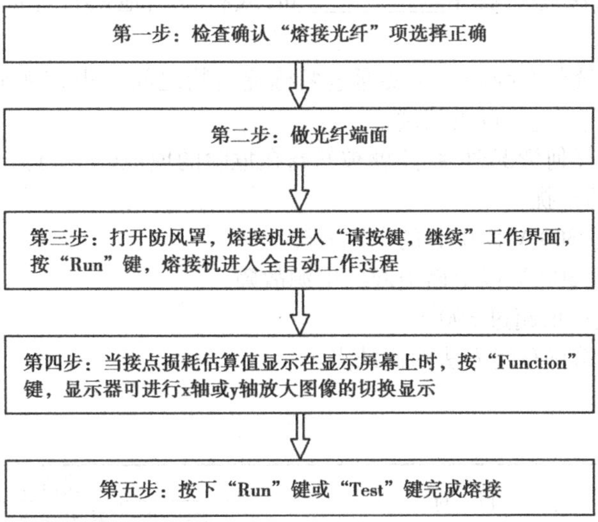

第一步：检查确认"熔接光纤"项选择正确

第二步：做光纤端面

第三步：打开防风罩，熔接机进入"请按键，继续"工作界面，按"Run"键，熔接机进入全自动工作过程

第四步：当接点损耗估算值显示在显示屏幕上时，按"Function"键，显示器可进行x轴或y轴放大图像的切换显示

第五步：按下"Run"键或"Test"键完成熔接

图 10.18　熔接步骤流程图

5. 加热热缩管步骤

加热热缩管步骤如图 10.19 所示。

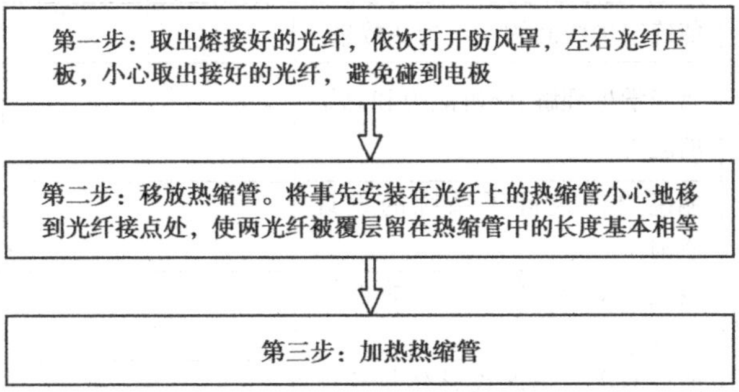

第一步：取出熔接好的光纤，依次打开防风罩，左右光纤压板，小心取出接好的光纤，避免碰到电极

第二步：移放热缩管。将事先安装在光纤上的热缩管小心地移到光纤接点处，使两光纤被覆层留在热缩管中的长度基本相等

第三步：加热热缩管

图 10.19　加热热缩管流程图

195

6. 盘纤固定

将接续好的光纤盘到光纤收容盘内，在盘纤时，盘圈的半径越大，弧度越大，弯曲损耗越

小。所以一定要保持一定的半径,使激光在光纤传输时,避免产生一些不必要的损耗。

7. 盖上盘纤盒盖板

【做一做】

(1)进线间应采用相应防火级别的防火门,门向外开,宽度不小于_____ m。

(2)进线间应设置防有害气体措施和通风装置,排风量按每小时不小于_____次容积计算。

(3)室外管道进入建筑物的最大管外径不宜超过_____ mm。

(4)管道埋设的深度一般在_____ m,或符合当地城管等部门有关法规规定的深度。

(5)建筑物子系统的布线距离主要通过两栋建筑物之间的距离来确定。一般在每个室外接线井里预留_____ m 的线缆。

(6)当发生下列任何情况时,线路就被暴露在危险的境地(　　　)。

A. 雷击所引起的干扰

B. 工作电压超过 300 V 而引起的电源故障

C. 地电压上升到 300 V 以上而引起的电源故障

D. 60 Hz 感应电压值超过 300 V

(7)简述 4 种建筑群布线方法的优缺点。

【自我评价表】

任务名称	目 标		完成情况			自我评价
			未完成	基本完成	完成	
进线间子系统的设计	知识目标	能说出进线间的设计原则				
	技能目标	能根据实际环境条件确定进线间的位置				
		能确定进线间的面积				
		能确定进线间的入口管孔数量				
	情感目标	培养学生理解、分析能力和总结的能力				
建筑群子系统的设计	知识目标	能说出建筑群子系统的设计原则				
		能记住建筑群子系统的设计要求				
	技能目标	能根据实际情况设计建筑群子系统				
	情感目标	培养学生团队合作精神				

续表

任务名称	目　标		完成情况			自我评价
			未完成	基本完成	完成	
建筑群子系统的线缆布设	知识目标	能说出建筑群子系统的线缆布设的4种方法				
		能说出4种建筑群布线方法的优缺点				
	技能目标	能根据实际环境条件选择建筑群布线方法				
		能进行架空线缆布设				
	情感目标	培养学生刻苦耐劳的精神				
光纤熔接	知识目标	记住光纤熔接的步骤				
	技能目标	运用所学知识独立完成光纤熔接操作，并能注意操作要点				
	情感目标	培养学生的敬业、细致、高效、合作等职业岗位素养				

(1)请同学们根据自己达到的水平在对应的"未完成""基本完成""完成"格中打√。

(2)请同学们在"自我评价"栏中对任务完成情况进行自我评价。

综合布线系统工程工作量及材料统计

【项目描述】

综合布线系统工程工作量及材料统计是综合布线设计环节的一部分，它对综合布线项目工程的造价估算和投标估价及后期的工程决算都有很大的影响。

根据工程技术要求及规模容量，需要首先设计绘制出施工图纸。按施工图纸统计工程量和材料，以便计算工程造价。

学习完本项目后，你将能够：

◆ 了解综合布线工程费用的预算

◆ 掌握综合布线设备安装工作量及材料统计

◆ 掌握综合布线布放线缆工作量及材料统计

◆ 掌握综合布线缆线终接和系统测试工作量及材料统计

任务一　综合布线系统工程量计算方法与要求

任务描述

◆通过本任务的学习,使学生知道工程量的计算方法和要求。

任务分析

本任务主要讲述综合布线系统工程量的计算方法和要求,通过播放视频、学生讨论等方式,让学生理解综合布线工程量的计算。

任务实施

工程量计算是确定安装工程直接费用的主要内容,工程量计算是否准确,将直接关系到预算的准确性。运用概预算的编制方法,以设计图纸为依据,并对设计图纸的工程量按一定的规范标准进行汇总,就是工程量计算。其具体要求是:

(1)工程量的计算应按工程量计算规则进行,即工程量项目的划分、计量单位的选定、有关系数的调整换算等。工程量是以物理计量单位和自然计算单位表示的各分项工程的数量。

(2)工程量的计算无论是初步设计,还是施工图设计,都要依据设计图纸计算。因此对图纸的画法和各种符号都要比较熟悉。

(3)工程量的计算方法各不相同,而我们要求从事概预算的人员,应在总结经验的基础上,找出计算工程量中影响预算及时性和准确性的主要矛盾,同时还要分析工程量计算中各个分项工程量之间的共性和个性关系,然后运用合理的方法加以解决。

友情提示

计算工程量时应注意:

(1)熟悉图纸。计算工程量,首先要熟悉图纸、看懂文字说明、掌握与施工现场有关的问题。

(2)要正确划分项目和选用计量单位。

(3)计算中采用的尺寸要符合图纸中的尺寸要求。

(4)工程量应以安装就位的净值为准,用料数量不能作为工程量。

(5)对于小型建筑物和构筑物可另行单独规定计算规则或估列工程量和费用。

知识窗

工程量计算的顺序

（1）顺时针计算法，即从施工图纸右上角开始，按顺时针方向逐步计算，但一般不采用。

（2）横竖计算法或称坐标法，即以图纸的轴线或坐标为工具分别从左到右，或从上到下逐步计算。

（3）编号计算方法，即按图纸上注明的编号分类进行计算，然后汇总同类工程量。

【做一做】

（1）综合布线系统工程量计算顺序有哪三种？

（2）综合布线系统工程量计算的要求是什么？

任务二 综合布线工程费用预算

任务描述

◆通过本任务的学习，将掌握综合布线系统工程的预算方法和各部分的费用比例。

相关知识

一、综合布线工程费用预算步骤

综合布线工程费用预算步骤如图 11.1 所示。

二、综合布线系统 IT 行业的预算设计方式

IT 行业的预算设计方式取费的主要内容一般由材料费、施工费、设计费、测试费、税金等组成。表 11.1 是一种典型的 IT 行业的综合布线系统工程预算标价设计表。

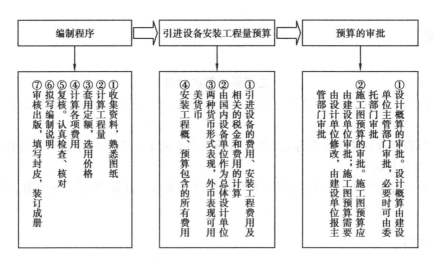

图 11.1 综合布线工程费用预算流程图

表 11.1 典型的 IT 行业的综合布线系统工程预算表

序 号	名 称	单 位	单 价	数 量	金额/元
1	信息插座(含模块)	套			
2	五类 UTP	箱			
3	线槽	M			
4	48 口配线架	个			
5	配线架管理环	个			
6	钻机及标签等零星材料				
7	设备总价(不含测试费)				
8	设计费(5%)				
9	测试费(5%)				
10	督导费(5%)				
11	施工费(15%)				
12	税金(3.41%)				
13	总计				

任务实施

202

按 IT 行业的预算方式作工程预算。

1. 实训目的

(1)通过按照 IT 行业预算方式作工程预算项目实训,掌握各种项目费用的取费基数标准。

（2）熟悉综合布线使用材料种类、规格。

（3）掌握 IT 行业综合布线工程项目预算方法。

（4）训练工程数据表格的制作方法和能力。

2. 实训要求

（1）使用 Microsoft Word 或 Microsoft Excel 完成项目材料的整理。

（2）完成本校网络综合布线系统工程预算。

3. 实训步骤

（1）分析项目使用材料种类。

（2）制作综合布线系统工程预算表。

（3）填写综合布线系统工程预算表。

（4）工程预算。

4. 实训报告要求

（1）掌握综合布线系统工程预算表的制作方法。

（2）基本掌握 Microsoft Word、Microsoft Excel 工作表软件在工程技术中的应用。

（3）完成工程预算。

（4）总结实训经验和方法。

 知识窗

　　综合布线工程概预算过去一直是手工编制。随着计算机的普及和应用，近年来相关技术单位开发出了综合布线工程概预算编制软件，如北京通太科技开发有限公司开发的综合布线工程概预算软件既有 Windows 单用户版，又有网络版。

 【做一做】

（1）综合布线系统的预算设计方式有_____和_____两种。

（2）工程量应以安装就位的净值为准，用_____不能作为工程量。

（3）制定 IT 行业的综合布线系统工程预算表。

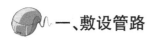

任务描述

◆通过本任务的学习,将学会敷设管路、敷设线槽、安装过线和信息插座底盒、桥架、开槽、机柜、机架、接线箱、抗震底座等工作的工作量及材料统计。

任务分析

通过教师讲解,学生会制作设备安装各类统计表,掌握设备安装工作量统计和需要的材料。

任务实施

一、敷设管路

工作内容:

(1)敷设钢管:管材检查、配管、锉管内口、敷管、固定、试通、接地、伸缩及沉降处理、作标记等。

(2)敷设硬质PVC管:管材检查、配管、锉管内口、敷管、固定、试通、作标记等。

(3)敷设金属软管:管材检查、配管、敷管、连接接头、作标记等。

敷设管路工作量及材料统计见表11.2。

表11.2 敷设管路工作量及材料统计表

项 目			敷设钢管(100 m)		敷设硬质PVC管(100 m)		敷设金属软管/根
			φ25 mm以下	φ50 mm以下	φ25 mm以下	φ50 mm以下	
名 称		单位	数 量				
人工	技工	工日					
	普工	工日					
主要材料	钢管	m					
	硬质PVC管	m					
	金属软管	m					
	配件	套					

～二、敷设线槽

工作内容：

(1)敷设金属线槽：线槽检查、安装线槽及附件、接地、作标记、穿墙处封堵等。

(2)敷设塑料线槽：线槽检查、测位、安装线。

敷设线槽工作量及材料统计见表11.3。

表11.3　敷设线槽工作量及材料统计表　　　　　　　　　单位:100 m

项　目		敷设金属线槽			敷设塑料线槽	
		150 mm 宽以下	300 mm 宽以下	300 mm 宽以上	100 mm 宽以下	100 mm 宽以上
名　称	单位	数　量				
人工	技工	工日				
	普工	工日				
主要材料	金属线槽	m				
	塑料线槽	m				
	配件	套				

～三、安装过线(路)盒和信息插座底盒(接线盒)

工作内容：开孔、安装盒体、密封连接处。

安装过线盒和信息插座底盒工作量及材料统计见表11.4。

表11.4　安装过线盒和信息插座底盒工作量及材料统计表　　　单位:10 个

项　目		安装过线(路)盒(半周长)		安装信息插座底盒(接线盒)				
		200 mm 以下	200 mm 以上	明装	砖墙内	混凝土墙 内	木地板内	防静电钢质地板内
名　称	单位	数　量						
人工	技工	工日						
	普工	工日						
主要材料	过线(路)盒	个						
	信息插座底盒或接线盒	个						

四、安装桥架

工作内容:固定吊杆或支架、安装桥架、墙上钉固桥架、接地、穿墙处封堵、作标记等。

安装桥架工作量及材料见表11.5。

表 11.5　安装桥架工作量及材料统计表　　　　　单位:10 m

项　目		安装吊装式桥架			安装支撑式桥架		
		100 mm 宽以下	300 mm 宽以下	300 mm 宽以上	100 mm 宽以下	300 mm 宽以下	300 mm 宽以上
名　称	单位	数　量					
人工	技工	工日					
	普工	工日					
主要材料	桥架	m					
	配件	套					

项　目		垂直安装桥架		
		100 mm 宽以下	300 mm 宽以下	300 mm 宽以上
名　称	单位	数　量		
人工	技工	工日		
	普工	工日		
主要材料	桥架	m		
	立柱	m		
	配件	套		

五、开槽

工作内容:划线定位、开槽、水泥砂浆抹平等。

开槽工作量及材料统计见表11.6。

表 11.6　开槽工作量及材料统计表　　　　　　　　单位:m

项　目		开　槽	
名　称	单位	砖槽	混凝土槽
		数　量	
人工 技工	工日		
普工	工日		
主要材料 水泥#325	kg		
粗砂	kg		

 六、安装机柜、机架、接线箱、抗震底座

工作内容:开箱检查、清洁搬运、安装固定、附件安装、接地等。

安装机柜、机架、接线箱工作量及材料统计见表 11.7。

表 11.7　安装机柜、机架、接线箱工作量及材料统计表

项　目		安装机柜、机架/架		安装接线箱/个	制作安装抗震底座/个
名　称	单位	落地式	墙挂式		
		数　量			
人工 技工	工日				
普工	工日				
主要材料 机柜(机架)	个				
接线箱	个				
抗震底座	个				
附件	套				

 知识窗

　　本任务中定额不适用于新建建筑工程为综合布线敷设的钢管、线槽过线盒和信息插座底盒等。顶棚内管路及线槽、明布缆线时,每 100 m 定额工日调增 10%。

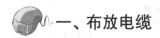

任务四　综合布线布放线缆工作量及材料统计

任务描述

◆通过本任务的学习,将掌握布放线缆、布放光缆、光缆外护套、光纤束等相关工作量及材料统计。

任务分析

通过教师讲解、学生实际操作,使学生能够制作布放线工作量及材料统计的各类量表,理解工作量分类及所需材料。

任务实施

一、布放电缆

1.管、暗槽内穿放电缆

工作内容:检验、抽测电缆、清理管(暗槽)、制作穿线端头(钩)、穿放引线、穿放电缆、作标记、封堵出口等。穿放电缆工作量及材料统计见表11.8。

表11.8　穿放电缆工作量及材料统计表　　　　　　　　单位:100 m/条

项　目			穿放 4 对对绞电缆	穿放大对数对绞电缆			
				非屏蔽 50 对以下	非屏蔽 100 对以下	屏蔽 50 对以下	屏蔽 100 对以下
名　称		单位	数　量				
人工	技工	工日					
	普工	工日					
主要材料	对绞电缆	m					
	镀锌铁线 φ1.5 mm	kg					
	镀锌铁线 φ4.0 mm	kg					
	钢丝 φ1.5 mm	kg					

2.桥架、线槽、网络地板内明布电缆

工作内容:检验、抽测电缆、清理槽道、布放、绑扎电缆、作标记、封堵出口等。

明布电缆工作量及材料统计见表11.9。

表11.9 明布电缆工作量及材料统计表　　　单位:100 m/条

项　目		明布4对对绞电缆	明布大对数对绞电缆	
			50对以下	100对以下
名　称	单位	数　量		
人工	技工	工日			
	普工	工日			
主要材料	4对对绞电缆	m			
	50对以下对绞电缆	m			
	100对以下对绞电缆	m			

二、布线光缆、光缆外护套、光纤束

工作内容:

(1)管道、暗槽内穿放光缆:检验,测试光缆,清理管(暗槽),制作穿线端头(钩),穿放引线,穿放光缆,出口衬垫,作标记,封堵出口等。

(2)桥架、线槽、网络地板内明布光缆:检验、测试光缆,清理槽道,布放、绑扎光缆,加垫套,作标记,封堵出口等。

(3)布放光缆护套:清理槽道,布放、绑扎光缆护套,加垫套,作标记,封堵出口等。

(4)气流法布放光纤束:检验、测试光纤,检查护套,气吹布放光纤束,作标记,封堵出口等。

光缆布线工作量及材料统计见表11.10。

表11.10 光缆布线工作量及材料统计表　　　单价:100 m/条

项　目		管、暗槽内穿放光缆	桥架、线槽、网络地板内明布光缆	布放光缆护套	气流法布放光纤束
名　称	单位	数　量			
人工	技工	工日				
	普工	工日				
主要材料	光缆	m				
	光缆护套	m				
	光纤束	m				

知识窗

　　建筑群子系统架空、管道、直埋、墙壁及暗管敷设光、电缆工程,应执行现行通信线路工程预算的定额的相关子目定额。

任务五　综合布线缆线终接和系统测试工作量及材料统计

任务描述

◆通过本任务的学习,将掌握布线缆线终接和系统测试等相关预算定额。

任务分析

　　通过教师讲解、学生实际操作,使学生能够制作缆线终接和系统测试工作量统计及材料统计表,理解项目类型。

任务实施

 一、缆线终接和终接部件安装

　　工作内容:
　　(1)卡接对绞电缆:编扎固定对绞缆线、卡线、做屏蔽、核对线序、安装固定接线模块(跳线盘)、作标记等。线缆终接和终接部件安装定额见表 11.11。
　　(2)安装 8 位模块式信息插座:固定对绞线、核对线序、卡线、做屏蔽、安装固定面板及插座、作标记等。信息插座安装定额见表 11.12。
　　(3)安装光纤信息插座:编扎固定光纤、安装光纤连接器及面板、作标记等。
　　(4)安装光纤连接盘:安装插座及连接盘、作标记等。
　　(5)光纤连接:端面处理、纤芯连接、测试、包封护套、盘绕、固定光纤等。
　　(6)制作光纤连接器:制装接头、磨制、测试等。
　　光纤连接工作量统计见表 11.13。

表 11.11　线缆终接和终接部件安装工作量统计表

项　目			卡接 4 对对绞电缆（配线架侧）（条）		卡接大对数对绞电缆（配线架侧）（100 对）	
			非屏蔽	屏　蔽	非屏蔽	屏　蔽
名　称		单位	数　量			
人工	技工	工日				
	普工	工日				
主要材料						

表 11.12　信息插座安装工作量及材料统计表

项　目			安装 8 位模块式信息插座				安装光纤信息插座	
			单　口		双　口		双　口	四　口
			非屏蔽	屏　蔽	非屏蔽	屏　蔽		
名　称		单位	数　量					
人工	技工	工日						
	普工	工日						
主要材料	8 位模块式信息插座（单口）	个						
	8 位模块式信息插座（双口）	个						
	光纤信息插座（双口）	个						
	光纤信息插座（四口）	个						

注：安装双口以上 8 位模块式信息插座的工日定额在双口的基础上乘以系数 1.6。

表 11.13　光纤连接工作量及材料统计表

项　目		安装光纤连接盘（块）	光纤连接					
			机械法（芯）		熔接法（芯）		磨制法（端口）	
			单模	多模	单模	多模	单模	多模
名　称	单位	数　量						
人工	技工	工日						
	普工	工日						
主要材料	光纤连接盘	块						
	光纤连接器材	套						
	磨制光纤连接器材	套						

二、制作跳线

工作内容：量裁缆线、制作跳线连接器、检验测试等。

制作跳线工作量统计及材料统计见表 11.14。

表 11.14　制作跳线工作量统计及材料统计表

项　目		电缆跳线	光纤跳线	
			单模	多模
名　称	单位	数　量		
人工	技工	工日		
	普工	工日		
主要材料	4 对对绞线	m		
	光缆	m		
	跳线连接器	个		

三、综合布线系统测试

212

测试内容：测试、记录、编制测试报告等。

布线系统测试人员分技工和普工，工作量统计见表 11.15。

表 11.15　布线系统测试工作量统计表

项　目		电缆链路测试	光纤链路测试	
			单光纤	双光纤
名　称	单位	数　量		
人工	技工　工日			
	普工　工日			

【做一做】

（1）在某一楼层中共有 48 个工作区，每个工作区内有 2 个信息插座，楼层配线架在该楼层中部，其中信息插座距楼层配线架最近的距离为 28 m，最远的距离为 69 m，端接容差为 6 m，请计算该楼层布线共需要多少箱线？

（2）如图 11.2 所示，$N = 9$ m，$F = 22.5$ m，端接容差（可变）取 6 m，I/O 为 140。求这项工程需要多少箱线？

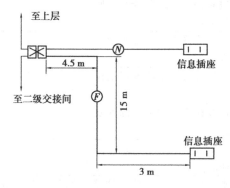

图 11.2　工作区布线图

（3）建筑群布线有哪几种方法？试比较它们的优缺点。

【自我评价表】

任务名称	目　标		完成情况			自我评价
			未完成	基本完成	完成	
综合布线系统工程概、预算	知识目标	能说出工程概、预算的作用				
		能说出工程概、预算的编制依据				
		能记住工程概、预算文件的内容				
		能概述工程量计算要求				
	技能目标	能编制工程预算表				
	情感目标	培养学生的理解、分析和总结的能力				

续表

任务名称	目 标		完成情况			自我评价
			未完成	基本完成	完成	
综合布线工程概、预算方式	知识目标	能记住综合布线工程概、预算的步骤				
		能说出综合布线系统的预算设计方式				
	技能目标	能填写综合布线系统工程预算表				
	情感目标	培养学生的团队合作精神				
综合布线设备安装预算定额	知识目标	能记住综合布线设备安装预算内容				
	技能目标	能计算设备安装预算				
	情感目标	培养学生对待工作耐心细致的态度				
综合布线布放线缆预算定额	知识目标	能记住布放线缆的预算内容				
	技能目标	能计算布放线缆预算				
	情感目标	培养敬业、细致、高效、合作等职业岗位素养				
综合布线缆线终接和系统测试预算定额	知识目标	能记住缆线终接和终接部件安装内容				
		能记住综合布线系统测试工作内容				
	技能目标	能制作线缆终接和终接部件安装定额				
	情感目标	培养学生敬业、细致、高效、合作等职业岗位素养				

(1)请同学们根据自己达到的水平在对应的"未完成""基本完成""完成"格中打√。

(2)请同学们在"自我评价"栏中对任务完成情况进行自我评价。

综合布线工程管理

【项目描述】

本项目分别从工程目标与组织机构、技术管理、文件管理、现场管理制度与要求、施工现场人员管理、材料管理、安全管理措施和原则、质量控制管理、成本控制管理、施工进度管理、制作各类工程报表等方面介绍综合布线系统工程管理。

学习完本项目后,你将能够:

◆制订工程的建设目标,搭建项目建立人员团队

◆掌握施工图审核的步骤和方法,知道技术交底的内容和要求

◆掌握器材质量保证文件和工程文件的管理方法

◆了解施工现场的管理制度,掌握施工现场管理的主要内容及方法,正确处理施工
  现场的各种问题

◆了解施工现场人员的管理内容,会撰写相关管理制度

◆对工程所需的材料进行管理

◆对施工现场的安全进行管理

◆对工程质量进行有效的控制

◆对成本进行有效的控制

◆对施工进度进行有效的控制

◆会制作各种工程报表

任务一　工程目标与组织机构

任务描述

◆通过本任务的学习,学生能够制订一个网络综合布线工程的管理目标、项目管理团队人员职责及施工顺序图。

任务分析

通过教师讲解,学生分小组进行角色扮演,让学生理解综合布线工程中人员的结成、职责,记住综合布线施工顺序。

任务实施

1. 工程管理目标

(1)工程质量目标:一般工程质量目标用优、良等级来表示。

(2)企业的信誉目标:主要由工程质量、工程进度及服务质量构成。

2. 项目管理机构

(1)一个工程项目主要成员构成如图12.1所示。

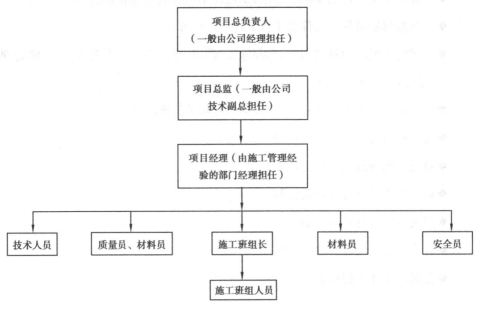

图12.1　工程项目主要成员构成

知识窗

　　一个项目的成员构成会随项目的大小而有所变化,如一个大的项目还会设立技术设计负责人、施工负责人、后勤管理负责人等。

（2）各成员职责如表 12.1 所示。

表 12.1　成员职责

项目成员	工作职责
项目总负责人	总体负责工程的各项事宜的磋商、安排
项目总监	负责工程的管理、监督
项目经理	总体负责工程实施、工程进度、人员安排、质量管理、工程验收
技术人员	负责设计方案、设计进度、工程具体实施过程中的设计变更工作,负责竣工资料和竣工图纸的编制工作并对用户进行培训
工程档案管理人员	具体负责工程档案文件按 ISO 9001 标准建立、保管
材料员	具体负责材料及各种工具的管理
安全员	负责巡视日常工作安全防范以及库存设备材料的安全
施工班组人员	承担工程施工生产,应具有相应的施工能力和经验

3. 施工顺序

施工顺序如图 12.2 所示。

图 12.2　施工顺序

【做一做】

（1）绘制学校校园网综合布线项目管理机构成员图。
（2）绘制学校校园网综合布线施工顺序图。

任务二　技术管理

217

任务描述

◆通过对施工图审查和技术交底制度的学习,让学生掌握施工图审查的步骤和具体的内容,明白技术交底的必要性、重要性。

任务分析

通过教师讲解,学生讨论,让学生记住施工图审查的步骤和具体内容,记住技术交底的内容和要求。

任务实施

1.施工图的审查

施工图是施工的主要依据,施工前,技术及施工部门应对施工图纸进行认真学习和审查,以保证施工期间的工程质量。必须经过 3 个阶段,如图 12.3 所示。

图 12.3 3 个阶段

施工图一经甲方认可,即为布线工程施工的依据,如有更改需经双方协商。

各阶段参与人员及工作任务见表 12.2。

表 12.2 参与人员及工作任务

阶 段	参与人员	工作任务
学习阶段	各相关专业技术人员、工程督导人员、预算人员及主要施工安装人员	熟悉设计意图,发现设计中的问题及设计与施工可能发生的矛盾
初审阶段	有关专业技术人员、工程督导人员、项目负责人、主要施工安装人员	①弄清图纸技术文件是否完整,是否符合国家有关工程建设的法律法规和强制性标准; ②施工图设计是否有误; ③施工工艺流程和技术要求是否合理; ④对施工图设计中的工程复杂、施工难度大和技术要求高的施工部分,现有施工技术水平和管理水平能否满足工期和质量要求; ⑤明确施工项目所需主要材料、设备的数量、规格、供货情况; ⑥能否保证施工安全; ⑦工程预算是否合理; ⑧填写初审记录表,提出处理办法
会审阶段	设计单位	工程主设计人向与会者说明拟建工程的设计依据、意图和功能要求,并对特殊结构、新材料、新工艺和新技术提出设计要求
	施工单位	根据自审记录以及对设计意图的了解,提出对施工图设计的疑问和建议
	监理单位	对整个过程进行监督
	业主单位	思考施工单位提出的修改意见是否符合使用要求

会审结论:对形成一致意见的问题做好记录,形成"施工图设计会审纪要",由业主正式

行文,作为与设计文件同时使用的技术文件和指导施工的依据,以及业主与施工单位进行工程结算的依据。

审定后的施工图设计与施工图设计会审纪要,都是指导施工的法定性文件;在施工中既要满足规范、规程,又要满足施工图设计和会审纪要的要求。

图纸会审记录是施工文件的组成部分,与施工图具有同等效力,所以图纸会审记录的管理办法和发放范围同施工图的管理、发放,须认真实施。

2. 技术交底制度

技术交底是确保工程项目质量的关键环节,是质量要求、技术标准得以全面认真执行的保证。面板、模式块的技术交底记录见表12.3。

表12.3 技术交底记录表

工程名称	某某单位综合布线工程	交底部位	面板、模块安装
工程编号		日 期	
交底内容: 一、施工准备 　（一）作业条件 　（二）材料要求 　（三）施工器具 　　　卷尺、水平尺、毛刷、卡线刀、螺丝刀、剥线刀等常用工具等。 二、质量要求 　　质量要求符合《建筑与建筑群综合布线系统工程验收规范》的规定。 三、工艺流程 　　清理→卡线→安装 四、操作工艺 　（一）清理 　　　用錾子轻轻地将盒内残存的灰块剔掉,同时将其他杂物一并清出盒外,再用毛刷或湿布将盒内灰尘擦净。如果线缆上有污物也应一起清理干净。 　（二）卡线			

技术负责人:　　　　　　　　　交底人:　　　　　　　　　接收人:

3. 技术交底的内容及要求

技术交底的内容及要求如表12.4所示。

表 12.4　技术交底的内容及要求

技术交底的内容	技术交底的要求
工程概况、施工条件、材料要求、进度计划等的说明	施工前项目负责人对分项、分部负责人进行技术交底
施工程序及工序穿插的安排	施工中对业主或监理提出的有关施工方案、技术措施及设计变更的要求在执行前进行技术交底
主要施工方法及技术要求	技术交底要做到逐级交底,因接受交底人员岗位的不同,所以交底的内容会有所不同
执行的技术规范、标准	
质量要求及措施	
主要的安全措施及要求	

【做一做】

(1)施工图审查的步骤及主要内容是什么?

(2)技术交底的内容及要求有哪些?

任务三　文件管理

任务描述

◆通过本任务的学习,让学生了解器材质量保证文件的内容及管理要求,掌握工程文件管理的基本方法。

任务分析

通过教师的讲解和实物展示,使学生记住器材质量保证文件的主要内容和要求,会正确地对工程文件进行管理。

任务实施

1.器材质量保证文件的内容及要求

220

器材质量保证文件是供货方向公司所必须提供的证明其所供应的器材完全达到质量要求的有关技术文件,其主要内容和要求见表12.5。

表 12.5

器材质量保证文件的内容	器材质量保证文件的要求
器材说明书,合格证书	确保投用的工程中的器材均有齐全有效的质量保证文件
质量检验凭证	质量保证文件验收完毕后,原件应交档案室存档
有关图纸及必要的技术革新文件	
第三方质量监督部门的监检证明(报告)	
特种器材应有国家检测中心检测报告(首次进货提供)	
生产许可证(认可证)及当地有关部门的准销证(首次进货提供)	

2.工程文件管理方法

(1)由工程项目主管确认工程文件的有效性和执行计划。

(2)由秘书负责工程文件正确建档、查询、保管和分发到有关的分包公司。

(3)管理人员负责监督、检查现场技术文件的执行情况。

(4)公司管理人员负责完整、准确地按规定填写施工记录文件表格,及时地收集、整理工程施工技术资料并上交秘书分类、分册归档。

【做一做】

(1)简述器材质量保证文件的内容。

(2)工程文件管理的方法有哪些?

任务四　现场管理制度与要求

任务描述

◆通过本任务的学习,让学生了解施工现场的管理制度,掌握施工现场管理的主要内容及方法,正确处理施工现场的各种问题。

任务分析

施工现场的管理制度以及施工现场的基本要求。

任务实施

现场管理制度主要有《考勤制度》《档案管理制度》《材料管理制度》《安全施工管理制度》《用电管理制度》《成本管理制度》等以及各类人员的职责。

施工现场管理的基本要求主要有 4 个方面,见表 12.6。

表 12.6　施工现场管理的基本要求

序号	分　类	管理任务
1	工作环境管理	落实各类人员职责
		及时纠正实施工程中出现的问题
		对工程中的责任事故应按奖惩方案予以奖惩
		施工现场的安全和环境保护工作应按照企业的相关保护条例和施工组织设计的相关要求进行
		发生紧急事件应按照企业的事故应急预案进行处理
2	居住环境管理	对施工驻地的材料放置和伙房卫生进行重点管理,落实驻点管理负责人和工地伙房管理办法、员工宿舍管理办法、驻点防火防盗措施、驻点环境卫生管理办法
		项目经理部应根据施工驻点的情况合理安排驻点场地,布置伙房、宿舍、材料堆放点,以保证施工材料和施工人员的安全
3	周围环境管理	施工现场周围环境的地形特点
		施工的季节
		现场的交通流量
		施工现场附近的居民密度
		施工现场的高压线和其他管线情况
		与公路及铁路的交越情况
		与河流的交越情况
4	物资的管理	物资管理人员还应按照施工组织设计的要求进行进货检验,并填写相应的检验记录
		施工现场物资管理人员应根据施工工序的前后顺序放置施工材料,并进行恰当标志,注意防火、防盗、防潮
		物资管理人员还应做好现场物资的进货、领用的账目记录,并负责向业主移交剩余物资,办理相应手续

对于上述工作的完成情况,项目经理部应在施工过程中进行检查,发现问题时应按相关要求进行处理。

知识窗

　　现场管理工作应着重考虑对施工现场工作环境、居住环境、自然环境、现场物资以及所有参与项目施工的人员行为进行管理；应按照事前、事中、事后的时间段，采用制订计划、实施计划、过程检查、发现问题后对问题进行分析、制定预防和纠正措施的程序进行现场管理。

 【做一做】

　　学生动手设计一个综合布线现场事故处置预案。

任务五　项目经理的管理职责

任务描述

　　◆通过本任务的学习，让学生了解施工现场人员的管理内容，学会撰写相关制度。

任务分析

　　通过学生到施工现场体验，让学生明白施工现场人员管理的内容及方法，了解相关管理制度。

任务实施

　　项目经理的管理职责如图12.4所示。

 【做一做】

　　(1)学生自主制作施工现场人员任务分配表。
　　(2)学生自主制作施工现场安全守则。

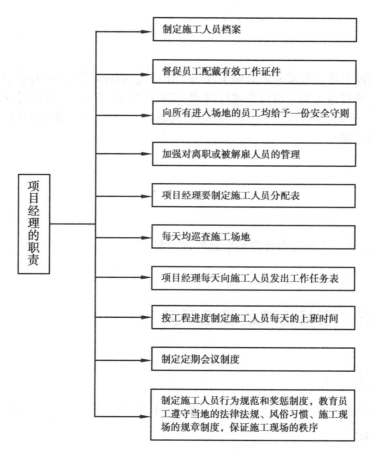

图12.4　项目经理管理职责

 知识窗

　　人员管理的4个步骤:计划或方案→执行→检查→整改
　　综合布线施工现场的人员主要有:项目经理、技术人员、质量员、材料员、资料员、施工员。

任务六　材料管理

任务概述

　　◆通过本任务的学习,学生能够进行材料的采购,能够对材料的入库、出库、用料等方面进行控制,有效降低工程成本。

任务分析

通过学生到现场进行实际顶岗实训,让学生体会材料管理的内容和方法。

任务实施

工程材料的有效管理主要有 7 个方面,如图 12.5 所示。

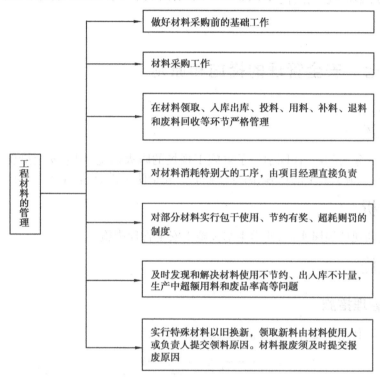

图 12.5　工程材料的管理

 知识窗

> 在预算综合布线施工材料时应注意正常耗损的计算,主要是以下两个方面:
> 水晶头数量 =(信息点数 ×2)×1.1
> 双绞线长度 = 双绞线所需长度 ×1.1

 【做一做】

对布置学校一个计算机房(信息点的数量、机房大小以实际为准)所需要的双绞线、水晶头等材料进行预算。

【知识拓展】

综合布线常用的材料有双绞线、同轴电缆、光缆等。

综合布线常用的工具有网线钳、同轴电缆剥线钳、光纤剥线钳、切线钳、压线钳、冲压工具、光纤熔接机、测线仪等。

任务七　安全管理的措施和原则

任务描述

◆通过本任务的学习,让同学们了解施工现场的防火措施、用电安全措施、低温雨季安全施工措施、机房施工安全的措施、高空作业时的安全防护措施,防止各类事故的发生。

任务分析

通过学生到现场顶岗实训,使学生掌握施工安全管理措施。

任务实施

1.安全管理措施

施工安全控制点主要有 7 个方面,如图 12.6 所示。

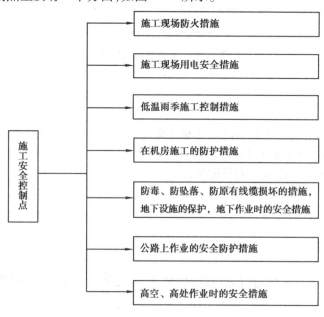

图 12.6　施工安全控制点

- 施工现场防火措施。施工现场消防人员结构如图12.7所示。

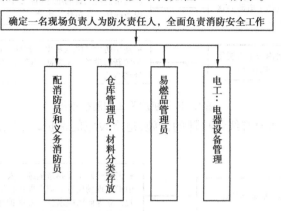

图 12.7　施工现场消防人员结构

- 施工现场用电安全措施如图12.8所示。

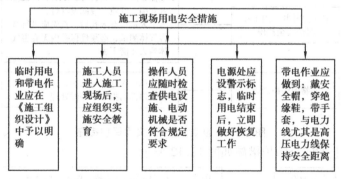

图 12.8　施工现场用电安全措施

- 低温雨季施工控制措施如图12.9所示。

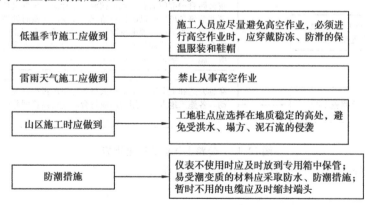

图 12.9　低温雨季施工控制措施

227

- 在机房施工的防护措施如图12.10所示。

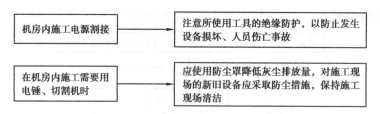

| 机房内施工电源割接 | → | 注意所使用工具的绝缘防护,以防止发生设备损坏、人员伤亡事故 |
| 在机房内施工需要用电锤、切割机时 | → | 应使用防尘罩降低灰尘排放量,对施工现场的新旧设备应采取防尘措施,保持施工现场清洁 |

图 12.10　机房施工的防护措施

- 防毒、防坠落、防原有线缆损坏的措施,地下设施的保护,地下作业时的安全措施如图 12.11 所示。

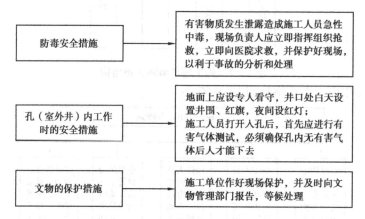

防毒安全措施	→	有害物质发生泄露造成施工人员急性中毒,现场负责人应立即指挥组织抢救,立即向医院求救,并保护好现场,以利于事故的分析和处理
孔(室外井)内工作时的安全措施	→	地面上应设专人看守,井口处白天设置井圈、红旗,夜间设红灯;施工人员打开入孔后,首先应进行有害气体测试,必须确保孔内无有害气体后人才能下去
文物的保护措施	→	施工单位作好现场保护,并及时向文物管理部门报告,等候处理

图 12.11　防毒、地下及文物保护措施

- 公路上作业的安全防护措施如图 12.12 所示。

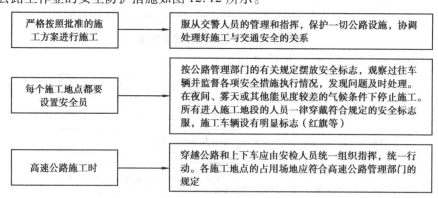

严格按照批准的施工方案进行施工	→	服从交警人员的管理和指挥,保护一切公路设施,协调处理好施工与交通安全的关系
每个施工地点都要设置安全员	→	按公路管理部门的有关规定摆放安全标志,观察过往车辆并监督各项安全措施执行情况,发现问题及时处理。在夜间、雾天或其他能见度较差的气候条件下停止施工。所有进入施工地段的人员一律穿戴符合规定的安全标志服,施工车辆设有明显标志(红旗等)
高速公路施工时	→	穿越公路和上下车应由安检人员统一组织指挥,统一行动。各施工地点的占用场地应符合高速公路管理部门的规定

图 12.12　公路上作业的安全措施

- 高空、高处作业时的安全措施如图 12.13 所示。

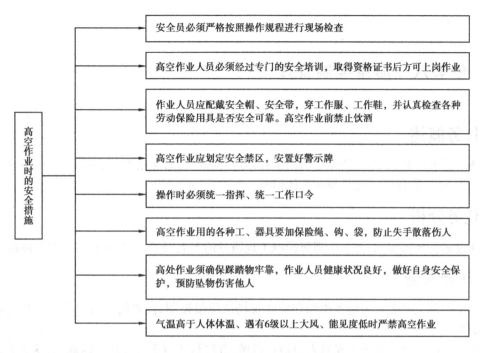

图 12.13　高空、高处作业的安全措施

2. 安全管理原则

安全管理原则如图 12.14 所示。

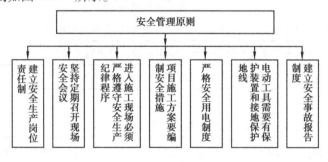

图 12.14　安全管理原则

【做一做】

（1）操作人员遇有带电作业时,应怎么做?

（2）安全管理的原则是什么?

任务八 质量控制管理

任务概述

◆通过本任务的学习,让学生明白工程质量管理的因素主要有人、材料、机械、方法和环境 5 个方面,掌握保证工程质量的具体措施。

任务分析

通过施工现场实训,使学生理解影响工程质量的 5 大因素,以及保证质量的具体措施。

任务实施

质量控制主要表现为施工组织和施工现场的质量控制,控制的内容包括工艺质量控制和产品质量控制。

影响质量控制的因素主要有人、材料、机械、方法和环境 5 大方面。因此,对这 5 方面因素严格控制,是保证工程质量的关键。

具体措施见表 12.7。

表 12.7 工程质量控制措施

序号	工程质量控制的措施
1	现场成立以项目经理为首,由各分组负责人参加的质量管理领导小组
2	承包方在工程中应选择受过专业训练及经验丰富的人员来施工及督导
3	施工时应严格按照施工图纸、操作规程及现阶段规范要求进行施工
4	认真作好施工记录
5	加强材料的质量控制,是提高工程质量的重要保证
6	认真做好技术资料和文档工作,对于各类设计图纸资料仔细保存,对各道工序的工作认真作好记录,完工后整理出整个系统的文档资料,为今后的应用和维护工作打下良好的基础

 【做一做】

(1)影响工程质量的 5 大因素是什么?

(2)保证工程质量的具体措施有哪些?

  【友情提示】

质量控制管理一是要督促相关人员按计划执行;二是要落实检查、整改措施。

任务九 成本控制管理

任务描述

◆通过本任务的学习,让学生理解成本控制的过程,初步掌握成本控制的方法和原则。

任务分析

通过教师讲解和施工现场参观,使学生理解成本控制的原则和方法。

任务实施

1.成本控制管理的3个阶段

成本控制管理的3个阶段见表12.8。

表12.8 成本控制管理的3个阶段

成本控制过程	主要任务
作计划阶段	制定合理可行的施工方案
	组织签订合理的工程合同与材料合同
	作好项目成本计划
施工过程中的控制	降低材料成本,实行三级收料及限额领料
	组织材料合理进出场
	节约现场管理费
工程实施完成的总结分析	根据项目部制定的考核制度,体现奖优罚劣的原则
	竣工验收阶段要着重做好工程的扫尾工作

2.工程的成本控制基本原则

(1)合理安排材料进场和堆放,减少二次搬运和损耗。

(2)加强材料的管理工作,实施三级收料制度,做到不错发、错领材料,不丢窃、遗失材料,施工班组要合理使用材料,做到材料精用。在敷设线缆当中,既要留有适量的余量,还应力求节约,不予浪费。

(3)材料管理人员要及时组织使用材料的发放、施工现场材料的收集工作。

(4)推广先进的施工方法,积极采用先进科学的施工方案,提高施工技术。

(5)提高施工班组人员的技术素质,尽可能地节约材料和人工,降低工程成本。

231

(6)加强质量控制、加强技术指导和管理,作好现场施工工艺的衔接,杜绝返工,做到一次施工,一次验收合格。

(7)科学合理安排施工程序,缩短工期,减少人工、机械及有关费用的支出。

(8)加强检查和督促,强化管理人员的计划性和预见性,做到见缝插针,节省人力、物力和财力。

 知识窗

三级收料制度:首先由门卫的收料员清点数量,记录签字;其次是材料部门的收料员清点数量,验收登记;再由施工作业队清点并确认,如发现数量不足或过剩时,由材料部门解决。

 【做一做】

(1)成本控制的内容是什么?
(2)成本控制的基本原则有哪些?

任务十 施工进度管理

任务描述

◆通过本任务的学习,使学生记住综合布线工作流程,能够绘制综合布线施工进度计划表,掌握综合布线施工中的安装要点。

任务分析

通过教师讲解和现场实训,使学生理解综合布线的工作流程,学会制作综合布线施工进度计划及掌握施工中的安装要点。

任务实施

1.综合布线工作流程

综合布线工作流程如图12.15所示。

2.施工进度计划

施工进度计划是施工进度控制的关键,合理安排好前后工序的衔接,可有效提高工作效率,降低成本。综合布线系统工程施工组织进度见表12.9所示。

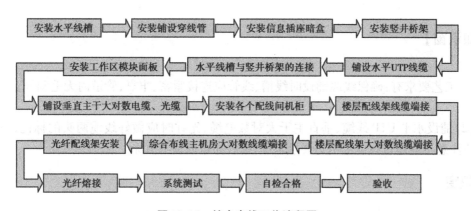

图 12.15 综合布线工作流程图

表 12.9 综合布线系统工程施工组织进度

日期 项目	2013 年																	
	8 月				9 月						10 月						11 月		
	15	19	24	29	3	8	13	18	23	28	2	7	12	17	22	27	2	7	12
材料进场、环境检查	▬																		
墙面开槽	▬																		
敷设 PVC 管		▬▬▬																	
安装桥架			▬▬																
敷设 PVC 线槽					▬▬▬▬▬														
敷设线缆							▬▬▬▬▬▬												
安装信息插座												▬▬▬							
设备间线缆端接														▬▬					
系统测试、环境恢复																▬▬			
工程验收																		▬	

 友情提示

　　综合布线工程施工进度表的时间安排会随着工程量的大小、施工人员数量而发生变化。

3. 施工中的安装要点

233

　　(1)安装水平线槽,铺设穿线管,安装信息插座暗盒,安装竖井桥架,水平线槽与竖井桥架的连接时应注意工艺要求,熟悉相关标准。

【知识窗】

> 工艺要求有:确保线缆铺设时线槽、线管应连接紧密、牢靠,管道内无毛刺等。

(2)铺设水平 UTP 线缆、垂直主干大对数电缆、光纤时应做好线缆两头的标记,布放缆线时应注意不能超过线缆牵引力要求范围,缆线布放时应有冗余。

 知识窗

> ● 布线余量
>
> 在工程实际中,布线时余量的预留为:在楼层配线间 UTP 电缆预留一般为 3～6 m;工作区为 0.3～0.6 m;光缆在设备端预留长度一般为 5～10 m;有特殊要求的应按设计要求预留长度;在同一线槽内包括绝缘在内的导线截面积总和应该不超过内部截面积的 40%。
>
> ● 线缆固定要求
>
> 线缆的固定要求:缆线垂直敷设时,在缆线的上端和每间隔 1.5 m 处,应固定在桥架的支架上;水平敷设时,直接部分间隔距施工处 3～5 m 设固定点;在缆线的距离首端、尾端、转弯中心点处 300～500 mm 处设置固定点等。

(3)安装工作区模块面板、楼层配线架线缆端接、楼层配线架大对数线缆端接、综合布线主机房大对数线缆端接时应同时制作连接端口标签。在端接线缆时应考虑机柜整体规划,合理安排数据、语音配线架的安装位置以及过线槽的安装位置。

(4)光纤配线架安装,光纤熔接时应同时制作连接端口标签,光纤熔接应考虑到现场环境灰尘,严格按照熔接机操作规程操作,作好光纤熔接头的清洁。熔接后应给连接头加防尘帽。

 友情提示

> 线缆应布放整齐并捆扎牢固,端接时要按照不同类别布线系统的要求,打开线缆对绞长度不应该超出标准要求。

(5)系统测试,应按照系统设计要求的链路类别,测试数据达到或高于相关类别的标准,并组织相关人员(建设单位、监理单位)检验。检验合格后应形成建设单位或监理单位签收的书面文件,以作为工程竣工验收的文件之一。

(6)自检合格后还不能完成整体验收交付使用的情况下应做好成品保护。

(7)在施工中应有专职技术人员检查施工现场,发现问题及时纠正。重大问题应及时上报项目经理。如有需要可在施工前对施工班组进行技术培训,培训应坚持干什么学什么,缺什么补什么的原则,通过学习逐步提高施工班组的素质。

【做一做】

制作学校校园网络综合布线进度表。

任务十一　制作各类工程报表

任务描述

◆通过本任务的学习,学生能够制作工程开工报告、施工组织设计(方案)报审表、施工进度日志、施工责任人员签到表、施工事故报告单、施工报停表、工程领料单、工程设计变更单、隐蔽工程验收记录单、工程竣工验收报告等工程报表。

任务分析

本任务主要讲综合布线各类工程报表的格式,采用教师边讲边做,学生边学边做的方法,使学生逐渐理解各类报表内容,并能够制作各类报表。

任务实施

1. 制作工程开工报告

工程开工前,由项目工程师负责填写开工报告,待有关部门正式批准后方可开工,正式开工后该报告由施工管理员负责保存待查,具体报告格式见表12.10所示。

表 12.10　工程开工报告

工程名称:

施工单位		施工地点	
建设单位		监理单位	
施工负责人		手机号码	
计划开工日期		计划竣工日期	
工程准备情况及存在的主要问题: 　　施工人员、材料、施工器具已经按时到位,施工现场具备施工条件。 申请本工程于　年　月　日正式开工,特此报告。 　　　　　　　　　　　　　　　　　　施工单位　(签章):＿＿＿＿＿＿ 　　　　　　　　　　　　　　　　　　日　　期:＿＿＿＿＿＿			

续表

监理单位意见：
监理单位 （签章）：＿＿＿＿＿＿ 　　　　　　　　　　　　　　　　日　期：＿＿＿＿＿＿
建设单位意见：   　　　　　　　　　　　　　　　　建设单位签章：＿＿＿＿＿＿ 　　　　　　　　　　　　　　　　日　　　　期：＿＿＿＿＿＿

注：本报告一式三份，建设单位、监理单位、施工单位各一份。

2. 制作施工组织设计（方案）报审表

由施工单位制定的施工方案需要经过审批之后，方能够组织实施，具体报告格式见表12.11。

表12.11　施工组织设计（方案）报审表

工程名称		项目编号	
致：＿＿＿＿＿＿＿＿＿＿（监理单位） 　　我方已根据施工合同的有关规定完成了 ＿＿＿＿＿＿＿＿＿＿＿＿ 工程施工组织设计（方案）的编制，并经我单位上级技术负责人审查批准，请予以审查。 　　附：施工组织设计（方案） 　　　　　　　　　　　　　　　　承包单位（签章）＿＿＿＿＿＿ 　　　　　　　　　　　　　　　　项目经理＿＿＿＿＿＿ 　　　　　　　　　　　　　　　　日　期＿＿＿＿＿＿			
专业监理工程师审查意见： 　　　　　　　　　　　　　　　　专业监理工程师＿＿＿＿＿＿ 　　　　　　　　　　　　　　　　日　期＿＿＿＿＿＿			
总监理工程师审核意见： 　　　　　　　　　　　　　　　　项目监理机构＿＿＿＿＿＿ 　　　　　　　　　　　　　　　　总监理工程师＿＿＿＿＿＿ 　　　　　　　　　　　　　　　　日　期＿＿＿＿＿＿			

注：本报告一式三份，建设单位、监理单位、施工单位各一份。

3. 制作施工进度日志

施工进度日志由现场工程师每日随工程进度填写施工中需要记录的事项，具体表格样式见表12.12。

表 12.12　施工进度日志

组别：　　　　　负责人：　　　　　日期：				
工程进度计划：				
工程实际进度：				
工程情况记录：				
时间	方位、编号	处理情况	尚待处理情况	备注

4. 制作施工责任人员签到表

每日进场施工的人员必须签到，签到按先后顺序，每人须亲笔签名，签到的目的是明确施工的责任人。签到表由现场项目工程师负责落实，并保留存档。具体表格样式见表 12.13。

表 12.13　施工责任人签到表

项目名称：　　　　　　　　　项目工程师：						
日期	姓名 1	姓名 2	姓名 3	姓名 4	姓名 5	姓名 6	姓名 7

5. 制作施工事故报告单

施工过程中无论出现何种事故，项目负责人必须如实填报"事故报告"单，施工事故报告单具体格式见表 12.14。

表 12.14　施工事故报告单

施工单位：	项目责任人：
工程名称：	设计单位：
事故发生时间：	事故发生地点：
事故发生情况及主要原因： 　　　　　　　　　　　　填报单位（盖章）： 　　　　　　　　　　　　项目负责人：＿＿＿＿＿＿＿＿＿ 　　　　　　　　　　　　填报日期：＿＿＿＿＿年＿＿＿月＿＿＿日	

注：（1）本报告一式三份，建设单位、监理单位、施工单位各一份；

（2）本表在事故发生后 24 小时内报建设单位一份，监理公司一份，报总公司一份，留底一份。

6. 制作施工报停表

在工程实施过程中可能会受到其他施工单位的影响,或者由于用户单位提供的施工场地和条件及其他原因造成施工无法继续进行。为了明确工期延误的责任,应该及时填写施工报停表,在有关部门批复后将该表存档。具体施工报停表样式见表 12.15。

表 12.15 施工报停表

工程名称:		工程地点:	
建设单位:		施工单位:	
停工日期:	年 月 日	计划复工:	年 月 日
工程停工主要原因:			
计划采取的措施和建议:			
停工造成的损失和影响:			
主抄: 抄送: 报告日期:	施工单位意见: 签名: 日期:		建设单位意见: 签名: 日期:

7. 制作工程领料单

项目工程师根据现场施工进度情况安排材料发放工作,具体的领料情况必须有单据存档,具体格式见表 12.16。

表 12.16 工程领料单

工程名称			领料单位		
批料人			领料日期	年 月 日	
序 号	材料名称	材料编号	单 位	数 量	备 注

8. 制作工程设计变更单

工程设计经过用户认可后,施工单位无权单方面改变设计。工程施工过程中如确实需要对原设计进行修改,必须由施工单位和用户主管部门协商解决,对局部改动必须填报"工程设计变更单",经审批后方可施工。具体格式见表12.17。

表12.17　工程设计变更单

工程名称:

致_____(监理单位) 　　　由于_____原因,兹提出_____ 　_____工程变更(内容见附件),请予审批。 　附件: 　　　　　　　　　　　　　　　　提出单位(章):_____ 　　　　　　　　　　　　代表人:_____日期_____
  　　　　　　　　　　　　　　　　　　建设单位代表签字: 　　　　　　　　　　　　　　　　　　日期:_____
  　　　　　　　　　　　　　　　　　　设计单位代表签字: 　　　　　　　　　　　　　　　　　　日期:_____
  　　　　　　　　　　　　　　　　　　项目监理机构代表签字: 　　　　　　　　　　　　　　　　　　日期:_____
  　　　　　　　　　　　　　　　　　　承包单位代表签字: 　　　　　　　　　　　　　　　　　　日期:_____

9. 制作隐蔽工程验收记录单

隐蔽工程验收记录单格式见表12.18。

表 12.18 隐蔽工程验收记录单

施工单位：

工程名称				分项工程名称	
施工图名称及编号				项目经理	
施工标准名称及编号				专业技术负责人	
隐蔽工程部位	1#楼		质量要求	施工单位自查情况	监理(建设)单位验收情况
检查内容	九层走廊			合格	
	十层走廊			合格	
	十一层走廊			合格	
	十二层走廊			合格	
	十三层走廊			合格	
	十四层走廊			合格	
	十五层走廊			合格	
	1～15 层弱电#			合格	
施工单位自查结论	施工单位(项目技术负责人)： 　　年　　　月　　　日				
监理(建设)单位验收结论	监理工程师(建设单位项目负责人)： 　　年　　　月　　　日				
备　注					

10.制作工程竣工验收报告

　　施工单位按照施工合同完成了施工任务后,会向用户单位申请工程验收,待用户主管部门答复后组织安排验收。工程初验报告见表 12.19。

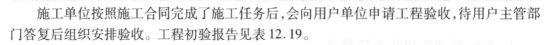

表 12.19　工程竣工初验报告

建设项目名称	某某单位综合布线工程		建设单位	某某单位	
单位工程名称	综合布线单项工程		施工单位		
建设地点			监理单位		
开工日期		竣工日期		验收日期	
工程内容	详见安装工程量总表				
验收意见及施工质量评语：					
施工单位代表： 施工单位签章： 日　　　期：　　　年　　月　　日					
监理单位代表： 监理单位签章： 日　　　期：　　　年　　月　　日					
建设单位代表： 建设单位签章： 日　　　期：　　　年　　月　　日					

注:本报告一式三份,建设单位、监理单位、施工单位各一份。

【做一做】

设计制作施工进度日志、施工责任人签到表、施工事故报告单、工程开工报告、施工报停表、工程领料单、工程设计变更单、隐蔽工程阶段性合格验收报告、工程验收申请等报表。

友情提示

各类报表内容可以根据实际工程要求作增加和删除,不是一成不变的。

【自我评价表】

任务名称		目　标	完成情况			自我评价
			未完成	基本完成	完成	
工程目标与组织机构	知识目标	记住工程质量的等级				
		知道项目建设人员构成及职责				
		理解综合布线施工流程				
	技能目标	能够制定工程项目建设目标				
		能绘制工程人员结构图				
	情感目标	提升学生团队精神				
		培养学生爱岗敬业精神				
技术管理	知识目标	记住施工图审查的步骤				
		记住施工图审查的内容				
		记住技术交底的内容				
	技能目标	能够制作技术交底记录表				
	情感目标	提升学生团队合作精神				
		学会欣赏别人的成果				
文件管理	知识目标	记住器材质量保证文件的内容和要求				
	技能目标	能够正确管理器材质量文件及工程文件				
	情感目标	培养学生敬业精神				
现场管理制度与要求	知识目标	记住施工现场的管理制度				
		记住施工现场的基本要求				
	技能目标	能够根据施工现场的环境进行施工安排				
	情感目标	培养学生的爱岗敬业精神				
		培养学生吃苦耐劳的精神				

续表

任务名称		目 标	完成情况			自我评价
			未完成	基本完成	完成	
施工现场人员管理	知识目标	概述施工现场人员管理的内容				
	技能目标	会制作施工现场任务分配表				
		能够撰写相关制度				
	情感目标	培养学生敬业精神				
材料管理	知识目标	能够说出材料管理7个方面的内容				
	技能目标	能够发现材料消耗较大的工序				
		掌握材料控制的方法				
	情感目标	培养学生的节约意识				
安全管理措施和原则	知识目标	记住安全控制的常用措施				
		记住安全管理的原则				
	技能目标	掌握带电作业时的正确操作方法				
		掌握公路施工时应该做的安全措施				
	情感目标	培养学生吃苦耐劳的精神				
		培养学生的安全生产意识				
质量控制管理	知识目标	记住影响工程质量的5大因素以及保证质量的6条具体措施				
	技能目标	能够正确地识读施工图				
	情感目标	让学生树立工程质量意识				
成本控制管理	知识目标	记住成本控制的3个阶段				
		记住成本控制的基本原则				
		说出3级收料制度				
	技能目标	能够进行有效的成本控制				
	情感目标	培养学生树立厉行节约的意识				
施工进度管理	知识目标	记住综合布线的工作流程				
		概述综合布线施工中的安装要点				
	技能目标	能够绘制综合布线施工进度表				
	情感目标	培养学生的时间观念				
		培养学生的工程管理意识				

续表

任务名称	目　　标		完成情况			自我评价
			未完成	基本完成	完成	
制作各类工程报表	知识目标	说出综合布线施工中的常用报表及作用				
	技能目标	能够绘制综合布线常用的 10 种报表				
	情感目标	培养学生的爱岗敬业精神				
		培养学生团结合作的精神				

(1)请同学们根据自己达到的水平在对应的"未完成""基本完成""完成"格中打√。

(2)请同学们在"自我评价"栏中对任务完成情况进行自我评价。